제 2 판

전기 기초실험

Electric basic experiment

임헌찬·박구범·황진호 공저

B.C.Info

FREFACE

머리말

오늘날 첨단 정보 산업 사회를 맞이하여 전기·전자 공학 분야는 비약적으로 신기술이 개발되고 변혁적인 발전을 거듭하고 있으며, 교육 개방 및 교육 개혁 등의 교육 환경도 급속히 변화하고 있다. 이러한 변화에 적절히 대처하기 위하여 전기·전자 공학은 기본적으로 습득해야 할 이론 지식을 실험 실습 교육과 병행하여 더욱 전문적이고 균형적인 발전이 절실히 요구되고 있다.

본 교재는 한 학기용으로 강의할 수 있도록 구성하였으며, 기본 소자들의 동작 원리와 기초적인 전기적 특성은 물론 기본 계측 장비의 동작 원리와 사용법, 선형 소자를 이용한 직류, 교류에서의 회로 해석법 및 전력 측정 실험 등을 실험 실습을 통하여 쉽게 이해할 수 있도록 내용을 구성하였다.

특히 전기적 소자 특성의 이해와 회로를 결선하는 능력을 직접적으로 키우기 위하여 모듈을 사용하지 않고 만능기판(브레드 보드)만으로 누구나 간단히 실험을 할 수 있도록 배려하였다. 또 이론 교육에 앞서 실험하는 경우를 예상하여 가능한 넓은 범위에서 상세한 해설을 기술하여 실습 교육에 불편을 최소화하였다.

전기·전자 공학 관련분야를 전공하는 학생들에게 도움이 될 수 있도록 충실하려고 노력하였으나 부족한 부분이 적지 않을 것으로 생각되며, 앞으로 독자 여러분들의 충고와 격려로 계속 수정 보완해 나가려 하니 아낌없는 의견과 지도 편달을 바란다.

끝으로 본 교재를 출간하면서 참고한 각종 문헌의 원저자들에게 경의를 표하며, 출판을 위해 많은 도움을 주신 복두출판사 임직원 여러분과 항상 옆에서 힘을 북돋아 준 가족에게 감사를 드리는 바이다.

저자 씀

CONTENTS
차 례

부 록

실험 01

실험의 기초 지식

1. 목적

1) 실험 전반에 관한 실험 목적, 주의 사항, 실험 방법 및 실험 측정값 처리 방법, 실험 보고서 작성법 등을 알아본다.
2) 일반적으로 주로 사용하는 국제 단위계((International Unit System, SI)를 이해한다.

2. 이론

(1) 실험 목적

실험의 목적은 이미 배운 이론적 지식을 실험을 통하여 직접 확인하고 증명함으로써 전공에 대한 확고한 개념을 정립하고 실험 기법을 습득, 배양하는 데 있다.

실험의 목적과 의의를 구체적으로 열거하면 다음과 같다.

① 전공 지식에 대한 원리 및 이론의 확립
② 측정 장비의 취급법 이해 및 습득
③ 실험 방법 및 실험 결과 처리 방법의 습득
④ 실험 보고서 작성 요령의 습득
⑤ 이론과 실습을 병행하여 현장 실무 능력 배양

(2) 실험시 주의 사항

① 담당 교수의 지시 사항을 숙지하여 안전사고가 일어나지 않도록 한다.
② 실험을 하기 전에 목적, 원리 및 주의 사항을 숙지한다.
③ 계측기는 파손에 주의하고, 가동부가 심하게 움직이지 않도록 취급한다.
④ 계측기는 정격과 정밀도에 유의하여 실험에 가장 적합하게 선정하도록 한다.

⑤ 계측기 및 소자의 배치는 결선이 교차되지 않도록 하고, 교재의 회로도와 같은 배열이 되도록 한다.
⑥ 회로 결선은 전원 단자에서부터 직렬의 주 회로를 먼저 완성시킨 후 병렬로 접속된 기기 및 소자 등을 접속한다.
⑦ 전원 스위치를 투입하기 전에 회로의 결선은 이상이 없는지 재확인한다.
⑧ 전원 전압은 서서히 올려가면서 회로의 이상 유무를 판단한다.
⑨ 실험 중 문제가 발생하면 전원을 차단하고 배선을 재점검한다.
⑩ 실험이 종료되면 사용한 계측기와 부품은 제자리에 두고 깨끗이 정리 정돈한다.

(3) 실험 결과의 처리

① 실험 중의 문제점이나 관찰되는 사항을 빠짐없이 기록하고, 계산이 필요한 경우에는 계산 방법 및 결과를 기록하여 그 과정을 추후에 점검할 수 있도록 한다.
② 실험 중의 특이한 현상은 사소한 것이라도 빠짐없이 기록하고 실험 결과에서 반드시 검토하도록 한다.
③ 측정 결과는 가능한 한눈에 알아볼 수 있도록 그래프로 나타내도록 한다.
④ 측정값을 그래프로 나타낼 때에는 평균값을 따라 매끄러운 곡선이 되도록 한다.
⑤ 측정값이 기본 눈금에 배율을 곱하여 읽어야 하는 경우에는 지시값을 그대로 읽어 기록하고 배율을 명시하도록 한다.

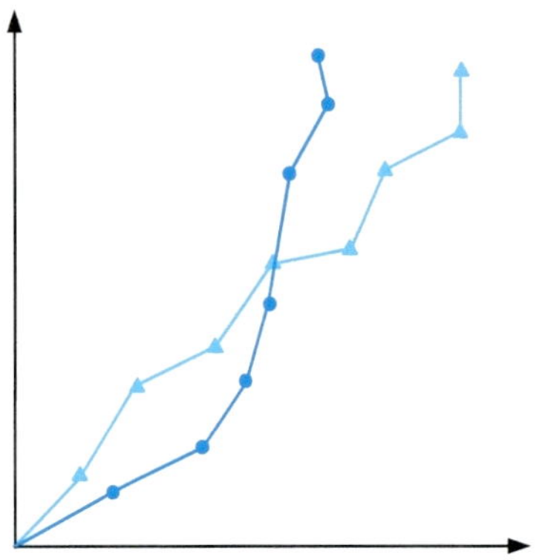

(a) 불량

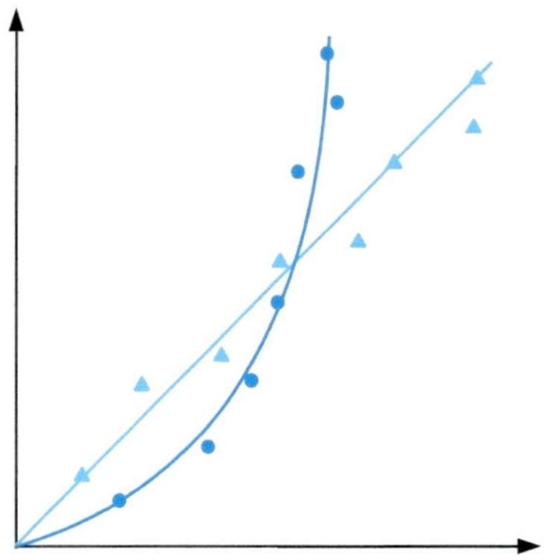

(b) 양호

그림 1.1 **측정값의 그래프 표시 방법**

⑥ 측정값은 허용오차를 고려하여 유효 숫자의 자릿수보다 낮은 자리의 수를 반올림하여 기록한다.

(4) 예비 보고서 작성법

실험을 하기 전에 실험 제목에 관련한 이론적 배경 및 지식, 계측기 및 기기의 사용법, 실험 목적 및 실험 방법 등을 사전에 숙지하여 본 실험의 이해를 높이고 짧은 시간에 보다 효율적으로 수행할 수 있도록 한다.

예비 보고서는 일반적으로 다음과 같은 내용을 포함한다.

① 실험 제목
② 실험 목적
③ 본 실험의 관련 이론 및 주의 사항, 특기 사항 등을 요점 정리하여 기록
④ 실험 방법(실험 기기 및 부품 포함)

(5) 결과 보고서 작성법

실험을 마치고 나서 본인이 수행한 실험 결과를 체계적으로 정확히 작성하여 본 실험에서 얻고자 하는 내용을 본인은 물론 다른 사람도 알아 볼 수 있어야 한다. 따라서 실험 결과 보고서를 작성하는 것은 실험 과정 못지않게 비교, 분석, 고찰 및 검토에 매우 중요하므로 세심한 주의를 필요로 한다.

일반적으로 실험 결과 보고서의 작성은 다음과 같은 내용을 포함하고, 예비 보고서를 실험 전에 제출한 후에 별도로 결과 보고서를 제출할 경우에는 중복 사항을 생략해도 된다.

① 실험 제목
② 실험 목적
③ 이론
④ 실험 기자재 및 부품
⑤ 실험 방법
⑥ 실험 결과 및 고찰
⑦ 결론

[실험 예비보고서 작성 예]

예비 보고서					
학번		이름		실험조	
공동실험자				작성일자	

제목 :
1. 목적 2. 이론 3. 사용기기 및 재료 4. 실험 방법(실험 유의 및 특기 사항)

[실험 결과보고서 작성 예]

결과 보고서					
학번		이름		실험조	
공동실험자				작성일자	

제목 :
1. 실험 방법 2. 고찰 및 평가

(6) 측정 단위

물리적인 양을 측정하기 위해서는 측정하려는 양과 종류가 같은 비교의 기준이 필요하다. 이때 각종 물리량의 기준이 되는 양을 단위(unit)라 한다.

단위에는 여러 나라에서 채택하고 있는 국제 단위계(International Unit System, SI)가 있으며 기본 단위와 유도 단위로 나누어진다.

기본 단위는 길이[m], 질량[kg], 시간[sec], 전류[A], 온도[K], 몰[mol], 광도[cd]가 있고, 유도 단위는 면적[m^2], 부피[m^3], 속도[m/s], 밀도[kg/m^3] 및 힘[$kg\cdot m/s^2$] 등과 같이 기본 단위의 조합에 의해 유도되어 만들어지는 단위를 말한다.

기본 단위와 유도 단위를 합한 단위군을 단위계라 한다. 단위계 중에서 기본 단위와 그 단위로부터 유도되는 유도 단위로 구성되는 [m], [kg], [kg/m^3], [$kg\cdot m/s^2$] 등과 같은 단위계를 절대 단위계라 하고, 실용상의 편의에 의해 적절하게 정의하여 사용하는 힘[N], 일[J], 전력[W] 등과 같은 단위계를 실용 단위계라고 한다.

국제적으로 많이 사용되고 있는 절대 단위계로써 표준 단위계로 사용되고 있는 SI 단위계는 MKS 단위계와 CGS 단위계가 있다. 기본 단위인 길이, 질량, 시간의 단위를 각각 [m], [kg], [s]를 사용하는 단위계를 MKS 단위계라 하고, [cm], [g], [s]를 사용하는 단위계를 CGS 단위계라고 한다.

SI 단위계
- MKS 단위계 : 길이[m], 질량[kg], 시간[s]
- CGS 단위계 : 길이[cm], 질량[g], 시간[s]

표 1.1은 국제 단위계의 기본 단위이고, 표 1.2는 유도 단위를 나타낸다.

표 1.1 기본 단위

물리량	기호	명칭
길 이	m	미터(meter)
질 량	kg	킬로그램(kilogram)
시 간	s	초(second)
전 류	A	암페어(ampere)
온 도	K	캘빈(kelvin)
물질의 양	mol	몰(mole)
광 도	cd	칸델라(candela)

표 1.2 유도 단위

양	기 호	명 칭	양	기 호	명 칭
면 적	m^2	square meter	전 력	W(J/s)	watt
체 적	m^3	cubic meter	전기량	C	coulomb
주파수	Hz	hertz	전위차	V(W/A)	volt
밀 도	kg/m^3	kg/cubic meter	전기저항	Ω(V/A)	ohm
속 도	m/s	meter/second	정전용량	F	farad
힘	N	newton	자 속	Wb	weber
일	J	joule	자계강도	A/m	ampere/second

표 1.3은 일반적으로 사용하는 기본 단위의 거듭제곱을 나타낸 것으로 거듭제곱의 표현에는 10진법을 사용한다.

표 1.3 단위의 거듭제곱

명 칭	기 호	값	명 칭	기 호	값
tera	T	10^{12}	centi	c	10^{-2}
giga	G	10^{9}	milli	m	10^{-3}
mega	M	10^{6}	micro	μ	10^{-6}
kilo	k	10^{3}	nano	n	10^{-9}
hecto	h	10^{2}	pico	p	10^{-12}
deca	da	10	femto	f	10^{-15}
deci	d	10^{-1}	atto	a	10^{-18}

실험 02

만능 기판 사용법

1. 목적

1) 만능 기판의 구조를 실험을 통하여 익힌다.
2) 만능 기판을 이용한 회로 결선 및 사용 방법을 익혀 실험의 효율성을 높인다.

2. 이론

만능 기판(bread board)은 전원 및 각종 회로의 전기·전자 부품(저항, 인덕터, 콘덴서, 다이오드, 트랜지스터, IC 등)을 납땜이나 다른 방법을 이용하지 않고 직접 회로를 구성하여 실험할 수 있도록 만든 실험 보조 기구이다.

만능 기판을 이용하면 회로 부품의 교체 및 회로의 수정을 간단히 할 수 있기 때문에 실험 시간을 단축시켜 효율성을 높일 수 있고, 실험의 극대화를 꾀할 수 있는 장점이 있다.

그림 2.1은 만능 기판의 외관을 나타낸 것이다. 일반적으로 만능 기판은 버스선, 가로 방향의 연결 접점, 중앙 분리선 등으로 구분된다.

A, B의 영문 대문자로 표기된 외곽 및 내부에 두 줄로 배열되어 있는 버스선(BUS line)들은 서로 연결되어 있지 않고 분리되어 있지만, 위쪽의 A에서 아래쪽 A까지 또 위쪽의 B에서 아래쪽 B까지는 내부적으로 연결되어 있다. 이들 버스선들은 주로 결선한 회로에 전원 공급을 위한 것으로 사용된다.

가로 방향의 연결 접점 a, b, c, d, e와 f, g, h, i, j는 각각 5개의 점이 서로 내부적으로 연결되어 있지만, 두 그룹은 e와 f 사이의 굵은 홈이 파인 중앙 분리선에 의하여 서로 연결되어 있지 않다.

또한 a, b, c, d, e와 f, g, h, i, j의 세로 방향은 서로 이웃한 점과 분리되어 있다. 즉 1부터 숫자로 씌어 있는 세로 방향의 점들은 서로 연결되어 있지 않다.

만능 기판을 이용한 회로의 구성은 가능한 부품의 배치를 교재의 회로도와 일치하도록 하여 회로의 오결선을 줄이고 회로의 점검 및 수정을 쉽게 할 수 있도록 한다.

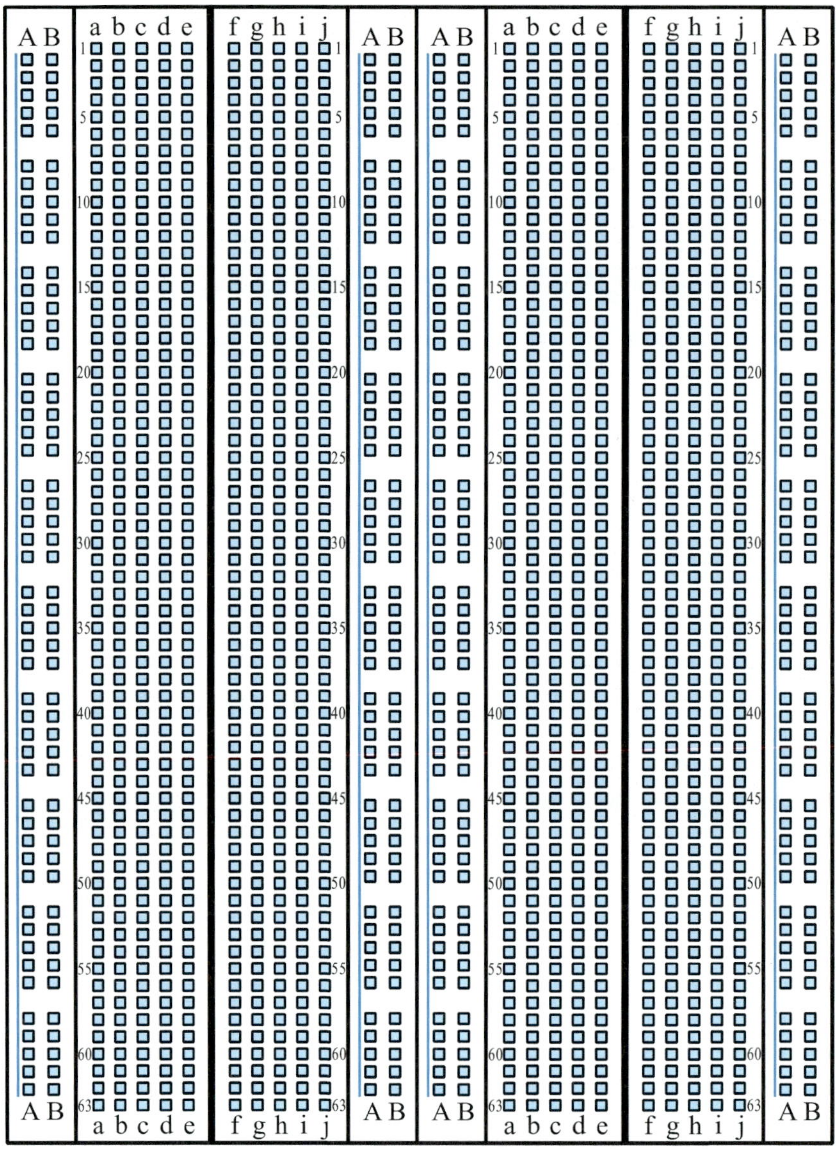

그림 2.1 만능 기판의 외관

3. 사용기기 및 재료

(1) 직류 전원 공급 장치 ························ 1대
(2) 회로 시험기 ························ 1대
(3) 저항(500 [Ω]) ························ 1개
(4) 만능 기판(bread board) ························ 1개
(5) 리드선 ························ 다수

4. 실험 방법

(1) 그림 2.1과 같은 만능 기판을 이용하여 리드선을 영문 대문자 A의 첫 번째 점과 마지막 점에 삽입한 후 회로 시험기로 단락 상태를 확인한다.

(2) 실험 방법 (1)항과 같은 방법으로 영문 대문자 B에서도 반복한다.

(3) A와 B에서 각각 한 개씩의 점을 선택하여 리드선을 삽입한 후 회로 시험기로 단락 유무를 확인한다.

(4) 가로 방향의 연결 접점 a, b, c, d, e 중에서 두 점을 선택하여 저항 500 [Ω]을 삽입한 다음, 회로 시험기로 저항값을 측정하고 단락 유무를 확인한다.

(5) 가로 방향의 연결 접점 f, g, h, i, j 중에서 두 점을 선택하여 저항을 삽입한 다음, 실험 방법 (4)항을 반복하여 실험한다.

(6) 가로 방향의 연결 접점 a, b, c, d, e와 f, g, h, i, j의 두 그룹에서 각각 한 점씩 선택하여 저항을 삽입한 후 실험 방법 (4)항을 반복하여 실험한다.

(7) a, b, c, d, e의 세로 방향으로 두 점을 선택하여 저항을 삽입한 후 회로 시험기로 저항값을 측정하고 단락 유무를 확인한다.

(8) f, g, h, i, j의 세로 방향으로 두 점을 선택하여 저항을 삽입한 후 실험 방법 (7)항을 반복하여 실험한다.

(9) A의 한 점과 a, b, c, d, e 중의 한 점을 선택하여 리드선을 삽입한 후 회로 시험기를 사용하여 단락 유무를 확인한다.

(10) A의 한 점과 f, g, h, i, j 중의 한 점을 선택하여 리드선을 삽입한 후 회로 시험기를 사용하여 단락 유무를 확인한다.

(11) 직류 전원에 저항을 직렬로 접속되도록 만능 기판에서 구성한다. 직류 전원 공급 장치의 (+) 극성을 만능 기판의 A, (−) 극성을 B에 리드선을 이용하여 삽입하고 저항과 직렬 접속하여 저항 양단에 걸린 전압을 측정하여 기록한다.

5. 고찰 및 평가

(1) 만능 기판을 사용하는 목적에 관하여 설명하라.

(2) 실험 결과로부터 고찰할 수 있는 만능 기판의 구조를 간단히 설명하라.

실험 03

회로 부품의 납땜 및 배치법

1. 목적

1) 각종 회로 부품을 접속하고 조립하는 데 기본이 되는 납땜의 원리를 이해하고 기법을 익힌다.
2) 전자 기기 및 전기 회로의 부품 배치 및 배선 방법을 익힌다.

2. 이론

납땜은 전자 기기 및 전기 회로의 조립이나 제작에 필수적인 작업의 하나로 제품의 성능과 수명에 가장 크게 영향을 미치는 작업이다.

부품과 부품을 서로 부착시키는 방법은 여러 가지가 있지만 전기 부품의 접속은 단지 붙어 있는 것이 아니라 전기적으로 완전히 접속되어 있어야 한다.

(1) 납땜의 기초

땜납은 주석(Sn)과 납(Pb)의 합금으로 되어 있고, 표시는 H60과 같이 H 및 주석 성분의 %로 표시한다. 일반적으로 사용되는 땜납은 H50～H60의 범위에 있다.

납땜의 온도는 250℃가 적당하며 보통 280～350℃ 범위에서 사용하고 납땜 시간은 모재의 크기에 따라 다르지만 1～5초(통상 2초 전후) 동안에 하는 것이 좋다.

땜납은 주로 실납이 사용되고, 보통은 실납 중심부의 구멍에 용제인 송진 계통의 플럭스(flux)가 들어 있는 제품이 많이 나와 있다. 그러나 용제가 없는 실납을 사용할 때에는 플럭스 역할을 하는 송진 계통의 페이스트(paste)를 별도로 준비하여 사용해야 한다.

플럭스나 페이스트는 납땜을 원활히 해 주는 역할을 한다.

송진 계통의 플럭스는 활성화 수지로서 실납에 열이 가해지면 납보다 먼저 녹아 접속할 금속의 산화 피막화된 표면을 깨끗이 닦아주고 산화를 방지해 준다. 또한 납의 표면 장력을 작게 하여 쉽게 퍼지게 할 뿐만 아니라 접속할 금속과 융합이 잘 되도록 도와준다.

페이스트는 가열된 인두 끝에 약간 묻힌 다음 납을 인두에 대어서 납땜 작업을 한다. 페이스트는 인두 끝에 묻어있는 납이 인두로부터 잘 분리될 수 있도록 도와주는 역할도 한다.

납땜 작업이 끝난 후에는 인두에 남아 있는 페이스트를 반드시 천 등으로 깨끗이 청소해야 한다.

(2) 납땜용 전기 인두

납땜용 전기 인두는 납이 녹는 온도 이상으로 가열하여 납땜을 직접 하는 도구이다. 전기 인두는 용도에 따라 소비 전력과 인두 팁의 굵기로 구분하고, 일반적으로 전자 소자인 다이오드 등은 소비 전력 30[W], 직경 4[mm] 정도를 사용하고 있다.

오른손에 전기 인두, 왼손에 실납을 잡고, 인두를 충분히 가열한 다음 인두 팁 끝에 납을 대어 입히고 나서 사용한다. 단, 인두가 너무 과열되어 있으면 납이 붙지 않고 굴러 떨어지는 현상이 일어나기도 하므로 과열되지 않도록 주의한다.

인두의 온도 조절은 여러 가지 방법이 있으나 일반적으로 인두의 팁 길이를 조절하여 사용하지만 전압 조정기를 이용하여 조절하는 방법도 있다.

전기 인두를 사용한 후에는 인두 끝을 줄이나 사포 등으로 깨끗이 청소하고 납을 약간 입힌 상태로 보관한다.

(3) 기판에서 리드선 처리 방법

그림 3.1은 기판에서 부품의 리드선 처리 방법을 순서대로 나타낸 것이고, 납땜하기 위한 사전 작업을 나타낸 것이다. 부품이나 선을 기판에 납땜을 할 때에는 우선 리드선에 피복이 있으면 피복을 벗기고 사포나 줄로 문지른다.

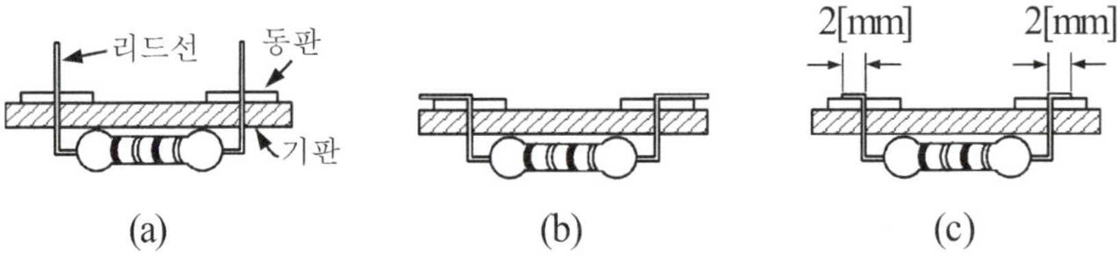

그림 3.1 **부품 리드선 처리 방법**

(a) 부품의 리드선을 기판에 닿는 곳까지 삽입한다. 단, 다이오드와 트랜지스터는 5[mm] 정도, 전해 콘덴서는 2[mm] 정도를 세워서 하지만 다이오드와 트랜지스터의 높이는 전해 콘덴서 높이보다 높지 않도록 한다.

(b) 기판의 아래 부분에서부터 직각으로 구부린다.

(c) 리드선을 2[mm] 정도가 남도록 니퍼로 절단하여 납땜할 준비를 한다.

(4) 납땜의 작업 순서

납땜의 작업 순서는 그림 3.2와 같다.

(a) 납땜을 부착할 장소 근처에 납과 인두를 가까이 한다.

(b) 인두 끝을 납땜하려는 장소에 2초 정도 대어 가열시킨다.

(c) 기판과 인두 끝의 중간에 땜납을 대어 적당한 양만큼 녹인다.

(d) 적당한 양의 납이 녹으면서 흘러 들어가면 납을 땜한다.

(e) 녹은 납이 기판과 합금이 되어 매끄럽게 흐르면 인두 끝을 기판에서 땜한다.

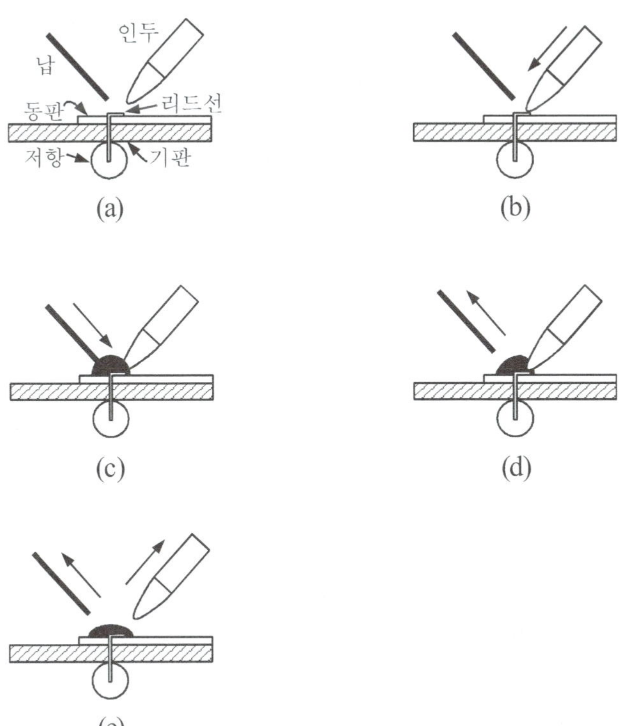

그림 3.2 납땜 작업 순서

동판에 납땜을 할 때 땜납이 동판 위에 얹혀지는 것처럼 보이지만 단면의 상태를 살펴보면 동판 속에 합금층이 만들어지는 것이다. 따라서 납땜은 동판과 납이 분자간 결합을 한 것이고, 합금층의 상태가 이루어져야 광택이 나게 되며, 납이 잘 퍼지게 되어 양호한 것으로 볼 수 있다.

납땜의 외관이 얼룩지거나 표면이 꺼칠꺼칠하고 틈이 생기지 않도록 해야 하며, 또한 납이 부족하거나 열 부족, 과열이 되지 않도록 하여야 깨끗이 작업을 마무리 할 수 있다.

특히 다이오드나 트랜지스터, 저항, 전해 콘덴서 등과 같이 열에 약한 부품은 직접 열이 가해지지 않도록 조심해야 한다. 이와 같은 열에 약한 부품들은 핀셋이나 롱 노우즈 등으로 리드선을 잡고 작업을 하면 부품으로 전달되는 열을 흡수할 수 있다. 저항은 약 80℃ 정도에서 저항값이 다르게 될 수 있고, 트랜지스터는 대략 80℃에서 소손된다.

(5) 부품의 배치

부품의 배치 및 배선을 할 때에는 다음 사항을 유의하여 작업한다.

(a) 신호가 들어오는 순서로 부품을 배치하여 입력과 출력 사이의 간섭을 피하고 교차가 없도록 한다.
(b) 외부로 연결된 단자는 기판의 가장자리로 나오게 한다.
(c) 부품의 리드선은 겹치지 않고 직선적으로 끼울 수 있도록 한다.
(d) 회로도와 동일한 순서와 동일한 배치를 한다.

(6) 납땜시의 유의 사항

(a) 가열된 인두는 300℃ 정도의 고열이므로 항상 주의해야 하고, 인두 받침대를 사용하도록 한다.
(b) 납땜의 작업 시간이 짧을 경우에는 인두가 과열이 되지 않도록 전원을 끄거나 전압 조정기를 사용하도록 한다.

3. 사용기기 및 재료

(1) 납땜용 전기 인두(30[W]) ···························· 1개
(2) 롱 노우즈 ···························· 1개
(3) 니퍼 ···························· 1개
(4) 기판(20홀×20홀) ···························· 2장
(5) 땜납 ···························· 1통
(6) 페이스트 ···························· 1통
(7) 리드선 ···························· 1.5m

4. 실험 방법

(1) 전기 인두를 전원에 연결하고 예열 상태를 확인한다.

(2) 리드선의 피복을 니퍼로 벗겨 낸 후 그림 3.3(a)와 같이 기판 위에 일직선이 되도록 윗줄부터 차례로 동판 구멍마다 납땜을 한다.

(3) 그림 3.3(b)와 같이 기판 위에 나선형의 형태로 동판의 각 구멍마다 납땜을 한다.

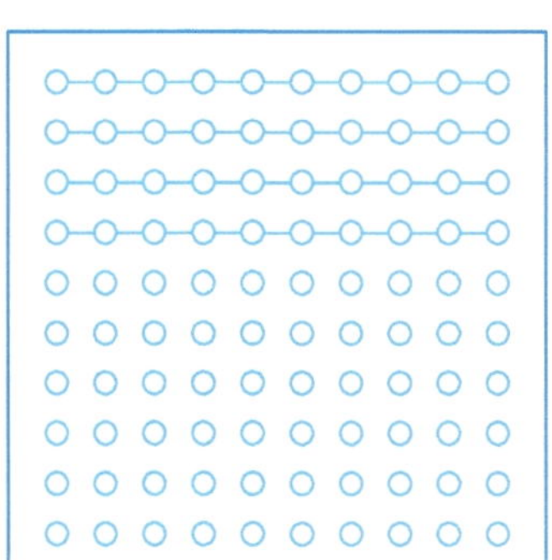

(a)

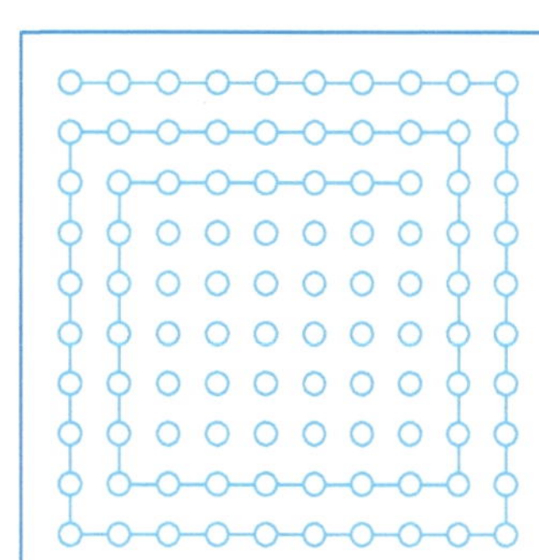

(b)

그림 3.3 기판을 이용한 납땜 작업 실습

5. 고찰 및 평가

(1) 전기 인두로 기판 위에서 납땜을 할 때 작업 순서를 설명하라.

(2) 납땜 작업을 할 때 페이스트(paste)를 사용하는 이유를 설명하라.

실험 04

저항 및 콘덴서 판독법

1. 목적

1) 기본적인 회로 소자인 저항 및 콘덴서의 구조와 특성을 이해한다.
2) 색저항과 콘덴서의 판독법을 익힌다.

2. 이론

2.1 저항

저항기(resistor)는 전기·전자 기기의 내부에서 전류에 의한 전압 강하를 이용하기 위한 회로의 수동소자로서 저항값이 고정되어 있는 고정 저항과 축을 회전시키거나 섭동자(slider)를 이동시켜 저항값을 바꾸는 가변 저항으로 분류된다.

(1) 저항의 분류

1) 고정 저항

① 탄소피막 저항

카본 저항기라고도 하며 원통형의 자기(세라믹)봉 위에 메탄이나 탄화수소 가스를 촉매로 하여 1,000~1,200[℃]로 구워 저항피막을 만들고 저항값을 조정하기 위한 홈을 판 다음 절연을 위한 도료를 칠한 것을 저항체로 하고 있다.

그림 4.1은 탄소피막 저항기의 구조를 나타낸 것으로 저항체의 양단에 금속 캡을 씌우고 리드선을 인출한다. 저항값을 조정하기 위한 홈은 나선형의 모양이고, 홈 사이의 폭이 좁으면 저항값은 커지며, 반대로 폭이 넓으면 저항값은 작아진다.

탄소피막의 저항체 위에는 피막 보호용의 도료가 칠해져 있으며, 저항값과 특성은 대부분 4개의 색으로 코드화되어 표시되고 있다. 또한 정격 전력은 수치로 표시하지 않고 저항기의 외형의 크기인 바깥 지름으로 나타내며, 대표적으로 1/8[W], 1/4[W], 1/2[W], 1[W], 2[W] 등이 있다.

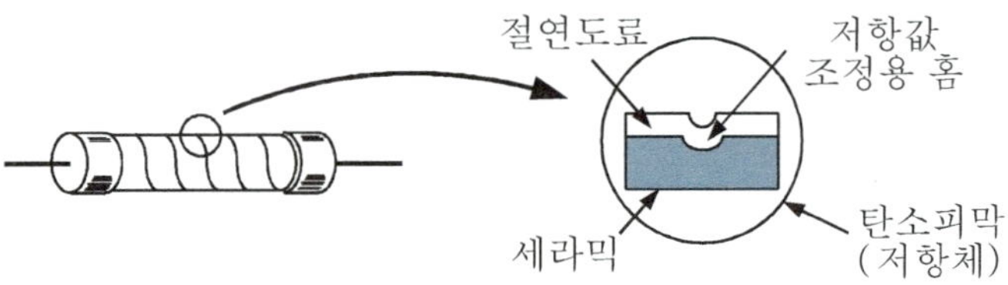

그림 4.1 **탄소피막 저항기의 구조**

탄소 저항기의 종류는 캡이나 리드선을 빼는 방법에 따라 그림 4.2와 같이 T형, P형, L형, V형 등이 있다. 최근에는 T형과 P형이 주로 사용되고 있으며 V형은 정밀도를 높이기 위한 프린트 배선 등에 이용되고 있다.

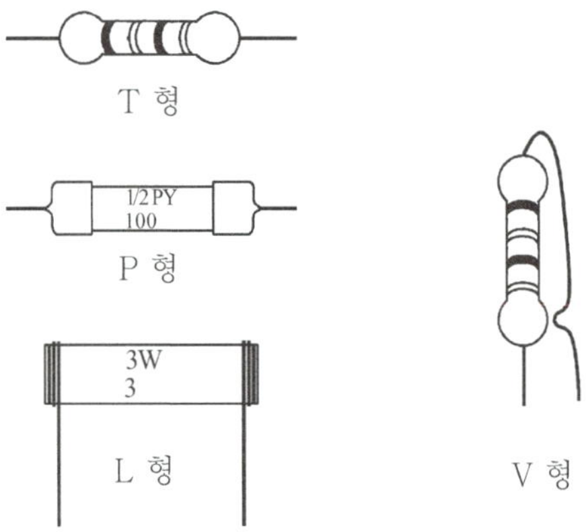

그림 4.2 **탄소피막 저항기의 종류**

② 솔리드 저항

탄소 분말과 규정의 저항값을 얻기 위한 조정용 혼합제를 섞은 후 결합제인 플라스틱을 가하여 금형에 넣고 가열 성형한 탄소 혼합제 저항이다.

이것은 저항체가 막대 모양의 고체로 되어 있기 때문에 솔리드 저항기 혹은 고체 저항기라 한다. 저항체의 양단에 리드선을 빼고 바깥쪽을 페놀 수지로 전체를 몰딩하고 있으며, 그림 4.3은 솔리드 저항기의 구조를 나타내고 있다.

솔리드 저항기는 대량 생산에 적합하여 값이 저렴하지만 생산 조건에 따라 품질이 불안정한 것이 생산되는 경우가 있다. 또한 주파수 특성은 비교적 양호하지만 온도변화 특성이 나쁘고 습기에 약한 단점이 있다.

탄소계의 저항은 습기에 약한 단점이 있으며, 이 습기의 영향으로 저항값이 대개 커지는 경향이 있다. 따라서 습기에 의한 저항값의 변동이 발생되지 않는 회로에서 사용하고자 할 경우에는 자기관 속에 저항체가 밀폐되어 있는 하메틱형 솔리드 저항기를 사용한다.

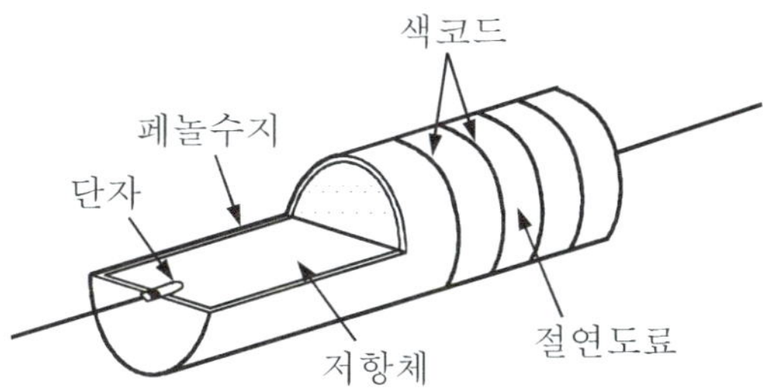

그림 4.3 **솔리드 저항기의 구조**

③ 금속피막 저항

자기나 유리막대 위에 니켈 크롬이나 탄탈의 합금을 부착시키고 홈을 파서 저항값을 조정한 고정 저항기로 그림 4.4에 구조를 나타낸다.

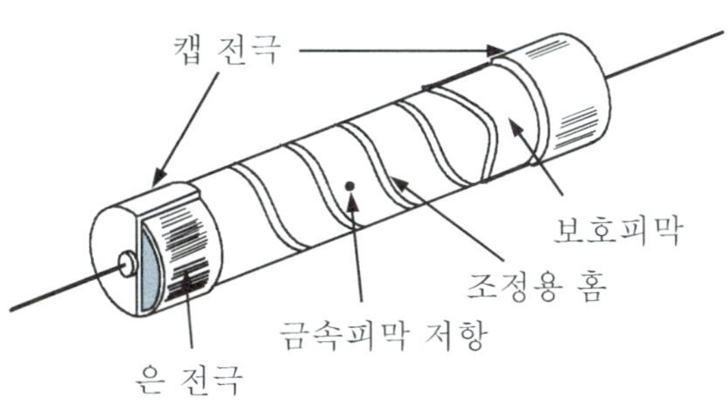

그림 4.4 **금속피막 저항기의 구조**

이 저항기는 오차 ±1[%]의 정밀성이 우수한 제품이고, 주파수 특성이 좋으며 대량 생산에 적합하다. 또한 저잡음, 저온도 변화 등에서도 우수하지만, 가격이 비싼 것이 단점이다.

④ 권선 저항

권선 저항기는 코일 저항기라고도 하며, 자기나 유리막대 위에 니켈 크롬이나 탄탈의 합금을 부착시키고 홈을 파서 저항값을 조정한 고정 저항기이다. 그림 4.5에 권선 저항기의 구조를 나타낸다.

권선 저항기는 비교적 저항값이 작고 대전력용이 많다. 니크롬이나 망간 등의 금속 저항선을 사용하므로 온도에 의한 변화가 적고, 열에도 잘 견디는 특성을 가지고 있다.

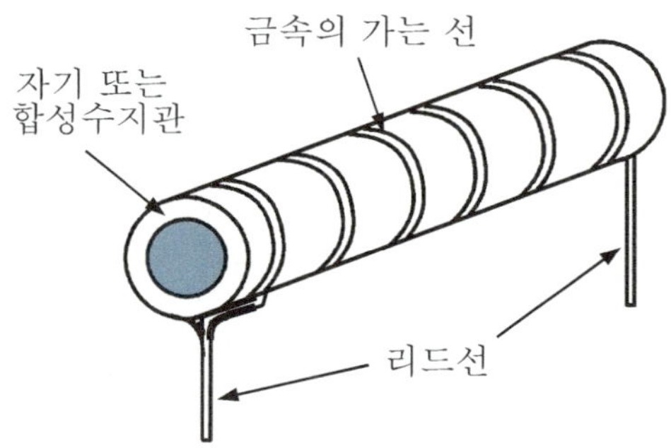

그림 4.5 **권선 저항기의 구조**

수 W 이상의 대전력용은 에나멜이나 시멘트로 몰딩하고 있어서 발열에 의한 저항선의 산화를 방지한다. 저항값은 0.1[Ω]에서 10[kΩ] 정도까지 있으며, 정격 전력은 1/2[W]에서 100[W] 정도까지 있다. 허용 오차는 KS 규격에 의해 1[Ω] 미만은 ±10[%], 1[Ω] 이상은 ±5[%]로 규정되어 있다.

그림 4.6은 권선 저항기의 외관을 나타낸 것이다. 그림 4.6(a)의 에나멜 저항기는 외부에 에나멜로 씌워져 있으므로 내부의 코일 형태를 알 수 없으며, 이 저항기는 대전력용으로 수 W에서 수십 W의 것이 있다.

그림 4.6(b)의 중간 단자가 붙은 권선 저항기는 중간 단자의 나사를 느슨하게 하여 단자의 위치를 이동시키고 저항값을 조정하는 구조이다. 진공관 회로에서는 햄(HAM) 밸런서로 자주 사용되어 왔다. 또한 축을 같은 방향으로 돌려도 저항 변화 특성이 정반대로 되는 것이 있는데 이것은 스테레오의 좌우 밸런서로 사용된다.

권선 저항기는 대전력용에 적합하고 내열성이 우수한 재료를 사용하고 있으며, 온도에 의한 영향이 작고 잡음도 비교적 작은 장점이 있다. 그러나 소형으로 만들기 어려울 뿐만 아니라 가격도 비싸고, 또한 주파수 특성이 나쁘므로 고주파 회로에는 사용할 수 없다. 저항값이 작은 것은 만들기 쉽지만 큰 것은 만들기 어려운 점 등의 단점이 있다.

권선 저항은 바이어스용이나 전압 분할용 또는 평활 회로에 사용하는 것이 일반적이다.

(a) 에나멜 저항기 (b) 중간 단자 붙은 코일 저항기

그림 4.6 **권선 저항기의 종류**

2) 가변 저항

가변 저항기는 저항에 의한 전압강하 또는 전류 등을 분배할 때 사용하는 것으로 음량 조정에 많이 사용하므로 볼륨(volume)이라고도 한다.

① 탄소 피막형 가변 저항

탄소 피막형 가변 저항기는 베클라이트의 절연판에 탄소의 막을 구워 붙인 것을 저항체로 하고 그 표면에 섭동자(슬라이더)를 미끄러지게 해서 저항값을 바꾸는 구조로 되어 있다.

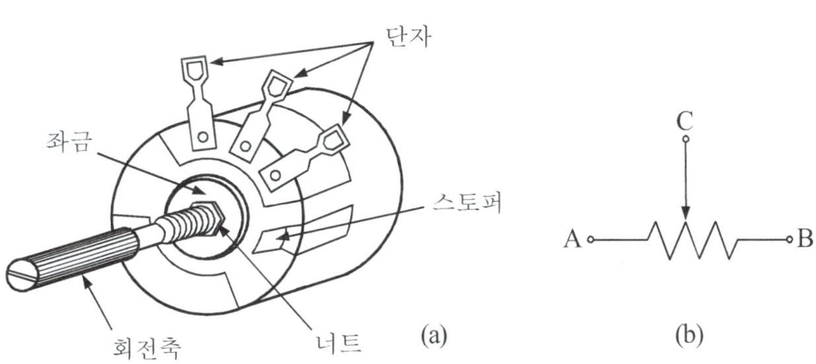

그림 4.7 **탄소 피막형 가변 저항기**

그림 4.7은 탄소 피막형 가변 저항기의 외관을 나타낸 것이고, 축을 회전시켜 섭동자를 움직여 원하는 저항값을 얻는 것이다.

② 반고정 저항

원리적으로 탄소 피막형 가변 저항기와 동일하지만 한 번 저항값을 조정하면 다시 조정하지 않는 것으로, 사용된 기기의 특성 변화나 경년 변화 시 다시 조정할 수 있도록 한 가변 저항기이다.

그림 4.8은 반고정 저항기의 여러 가지 종류에 대한 외관을 나타낸 것이고, 주로 프린트 기판에 꽂은 다음 납땜해서 고정하도록 되어 있다.

저항체로는 탄소 피막형이 많이 있으며 소형으로 정격 전력도 작으므로 바이어스 조정, 레벨 조정, 게인 컨트롤 등 회로 내의 미세한 조절을 필요로 하는 곳에 사용된다.

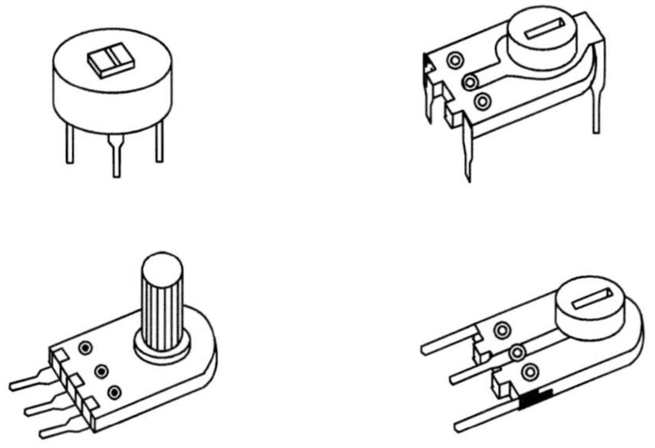

그림 4.8 **반고정 저항기의 외관**

(2) 색저항 판독법

저항기에 대한 저항값 및 허용 오차는 탄소피막 저항 및 솔리드 저항 등과 같이 소형화되면서 색코드(color code)로 그 값을 표시하고 있다.

저항값의 색 표시는 그림 4.9와 같이 4개의 색띠로 나타내고, A의 색깔은 저항의 첫째자리 수, B의 색깔은 둘째자리 수, C의 색깔은 배수, 그리고 D의 색깔은 오차를 의미한다. 색 표시가 있는 저항기의 저항 단위는 모두 옴[Ω]으로 나타낸다.

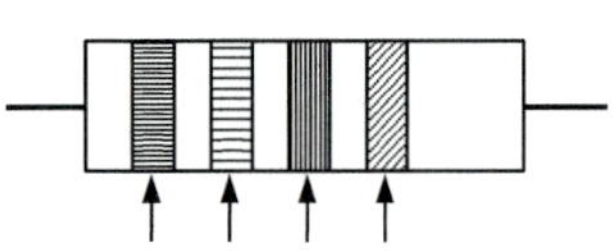

그림 4.9 **저항기의 색코드**

표 4.1은 저항과 색 표시의 관계를 나타낸 저항의 색코드이다.

표 4.1 저항의 색코드

색 (Color)	A 첫째 색띠	B 둘째 색띠	C 배 수	D 허용 오차(%)	비 고
흑색 (Black)	0	0	10^0		검정색
갈색 (Brown)	1	1	10^1		고동색
적색 (Red)	2	2	10^2		빨강색
등색 (Orange)	3	3	10^3		주황색
황색 (Yellow)	4	4	10^4		노랑색
녹색 (Green)	5	5	10^5		초록색
청색 (Blue)	6	6	10^6		파랑색
자색 (Violet)	7	7	10^7		보라색
회색 (Gray)	8	8	10^8		-
백색 (White)	9	9	10^9		하얀색
금색 (Gold)			10^{-1}	±5	
은색 (Silver)			10^{-2}	±10	
무색 (None)				±20	

【예】 색저항의 저항값 판독

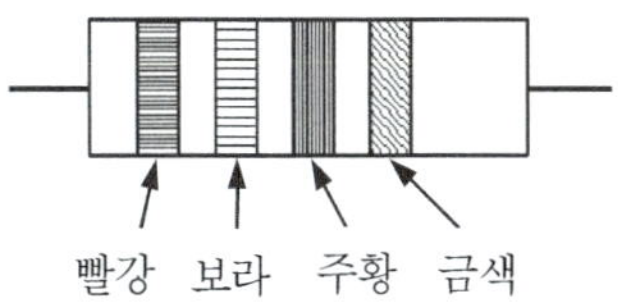

정격 저항 : $R = 27 \times 10^3\,[\Omega] = 27\,[\mathrm{k}\Omega]$

허용 오차 : $\pm 5\,[\%]$

(3) 저항 제품의 실제 저항값

색저항의 저항값 판독법을 앞 절로부터 알게 되었지만, 실제 저항을 선정하는 경우 필요로 하는 저항값을 가진 저항을 구할 수 없다. 예전에는 저항의 저항값이 계산하기 쉬운 $1\,[\mathrm{k}\Omega]$, $1.5\,[\mathrm{k}\Omega]$, $2\,[\mathrm{k}\Omega]$, … 등으로 생산되었지만, 요즈음에는 회로 설계나 제작 시에 불편한 점이 있기 때문에 표 4.2에 나타낸 바와 같이 등비 급수적인 수치 계열을 사용하도록 개선되었다.

표 4.2 저항기의 실제 저항값

1) 허용오차 ±10 [%]의 경우

1 [Ω]대	10 [Ω]대	100 [Ω]대	1 [kΩ]대	10 [kΩ]대	100 [kΩ]대	1 [MΩ]대
1 Ω	10 Ω	100 Ω	1 kΩ	10 kΩ	100 kΩ	1 MΩ
1.2 Ω	12 Ω	120 Ω	1.2 kΩ	12 kΩ	120 kΩ	1.2 MΩ
1.5 Ω	15 Ω	150 Ω	1.5 kΩ	15 kΩ	150 kΩ	1.5 MΩ
1.8 Ω	18 Ω	180 Ω	1.8 kΩ	18 kΩ	180 kΩ	1.8 MΩ
2.2 Ω	22 Ω	220 Ω	2.2 kΩ	22 kΩ	220 kΩ	2.2 MΩ
2.7 Ω	27 Ω	270 Ω	2.7 kΩ	27 kΩ	270 kΩ	2.7 MΩ
3.3 Ω	33 Ω	330 Ω	3.3 kΩ	33 kΩ	330 kΩ	3.3 MΩ
3.9 Ω	39 Ω	390 Ω	3.9 kΩ	39 kΩ	390 kΩ	3.9 MΩ
4.7 Ω	47 Ω	470 Ω	4.7 kΩ	47 kΩ	470 kΩ	4.7 MΩ
5.6 Ω	56 Ω	560 Ω	5.6 kΩ	56 kΩ	560 kΩ	5.6 MΩ
6.8 Ω	68 Ω	680 Ω	6.8 kΩ	68 kΩ	680 kΩ	6.8 MΩ
8.2 Ω	82 Ω	820 Ω	8.2 kΩ	82 kΩ	820 kΩ	8.2 MΩ

2) 허용오차 ±5 [%]의 경우

1 Ω	10 Ω	1.5 Ω	15 Ω
1.1 Ω	11 Ω	1.6 Ω	16 Ω
1.2 Ω	12 Ω	1.8 Ω	18 Ω
1.3 Ω	13 Ω	2.0 Ω	20 Ω

3) 허용오차 ±20 [%]

1 Ω	10 Ω
1.5 Ω	15 Ω
2.2 Ω	22 Ω
3.3 Ω	33 Ω
4.7 Ω	47 Ω
6.8 Ω	68 Ω

(4) 저항의 취급 방법

저항은 전해 콘덴서나 트랜지스터 등과 달리 +, −의 극성이 없으므로 취급하기 쉽지만, 프린트 기판 등에 배치할 때에 보기 쉽도록 색코드의 첫째 색띠를 가지런히 맞추도록 한다. 리드선을 저항기 몸체 가까이에서 너무 갑자기 구부리거나 니퍼로 잡아당기면 캡이 떨어져나가 파손되는 경우도 있으므로 주의하고, 또한 납땜도 가능한 빨리하여 열에 소손되는 일이 없도록 주의해야 한다.

4.2 콘덴서

콘덴서(condenser)는 정전용량을 갖는 수동소자로서 두 전극 극판 사이에 유전체를 삽입한 구조이고, 삽입한 유전체의 물질에 따라 종이(paper) 콘덴서, MP(metallized paper) 콘덴서, 플라스틱 필름 콘덴서, 운모(mica) 콘덴서, 세라믹(ceramic) 콘덴서, 전해 콘덴서 등으로 분류된다.

유전체 물질 중 플라스틱은 고분자 물질로 폴리에스터, 폴리스티롤, 폴리에틸렌 텔레프탈레이트(PET) 등이 사용되고, 세라믹 물질로는 티탄산 바륨, 산화티탄 등이 주로 쓰이고 있다.

(1) 콘덴서의 분류

1) 고정 콘덴서

① 종이 콘덴서

오일이나 왁스를 적신 종이를 유전체로 사용하며, 두 장의 콘덴서 종이에 전극 박을 끼우고 말아 감은 구조로 그림 4.10에 나타난 바와 같다.

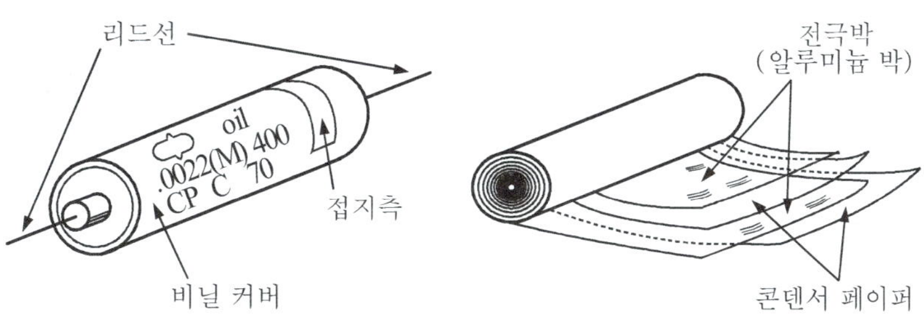

(a) 외관 (b) 구조

그림 4.10 종이 콘덴서(오일 튜블러형)

전극 박의 폭이나 길이는 정전 용량의 크기에 따라 다르고, 또 내압이 높은 것은 종이의 수가 많아지도록 한다.

종이 콘덴서의 용량은 대략 1,000 ~ 0.5 [μF] 정도의 범위이고, 대용량은 곤란하다. 정격 전압은 50 [V] ~ 1,000 [V] 사이이며, 직류 전압을 계속 가하여도 사용할 수 있는 전압을 의미한다. 따라서 교류 전압을 사용할 때에는 교류의 최대 전압(피크값)을 고려하지 않으면 안된다.

즉 정격 전압 400[V]의 콘덴서는 직류 400[V] 이하, 교류 150[V] 이하에서만 사용할 수 있음을 주의해야 한다.

종이 콘덴서의 용도는 점차 줄어들고 있지만, 일반용으로써 결합 콘덴서 또는 형광등의 잡음 방지용으로 사용되고 있다.

② MP 콘덴서

MP(metallized paper) 콘덴서는 종이 콘덴서를 개량한 것으로 구조도 종이 콘덴서와 거의 같지만, 알루미늄 박막 전극 대신 콘덴서 종이에 직접 아연을 증착시켜 금속화하고 그것을 두 장 겹쳐서 말아 감고 있다. 이와 같이 개량에 의해 종이 콘덴서의 1/3 정도 크기로도 동일한 용량의 충분한 소형 콘덴서를 만들 수 있게 되었다.

정격 전압은 50[V] ~ 10,000[V] 정도의 범위이며, 용량도 1,000[pF] ~ 10[μF] 정도이다.

MP 콘덴서의 큰 특징은 자기회복 능력이다. 이것은 정격 전압 이상의 전압을 가하였을 때 부분적인 파괴가 일어나도 파괴된 부분의 전극이 산화물로 되었다가 다시 자기 스스로 절연을 회복한다는 것을 의미한다. 이와 같은 특징이 있기 때문에 결합 콘덴서뿐만 아니라 펄스 모양의 높은 전압이 순간적으로 가해지는 경우가 있는 사이리스터나 트라이액 회로 등에도 사용된다.

③ 마이카 콘덴서

마이카(운모)를 유전체로 사용하는 콘덴서로 수 매에서 수십 매의 운모와 알루미늄박을 포개어 눌러 사용한다. 그림 4.11은 마이카 콘덴서의 외관 및 내부 구조를 나타낸다.

외부는 습기를 방지하기 위해 수지로 몰딩한 후 리드선을 뽑아내고 있다. 운모는 큰 것이 많지 않으므로 용량을 크게 하는 것은 어렵고, 3[pF] ~ 0.01[μF] 정도의 범위이다.

마이카 콘덴서는 내열성 및 내압성이 우수하지만, 최근에는 질이 양호한 세라믹 또는 플라스틱 콘덴서가 대량으로 공급되면서 사용량이 급격히 줄어들고 있는 실정이다. 일반기기용으로는 그다지 많이 사용되지 않고, 주로 통신기기나 측정기 등에 사용되고 있다.

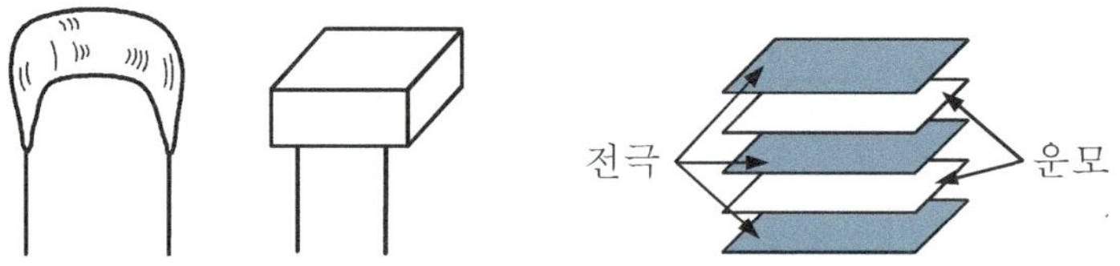

(a) 외관 (b) 구조

그림 4.11 마이카 콘덴서

④ 마일러 콘덴서

마일러 콘덴서는 플라스틱 필름 콘덴서의 일종으로 기계적 강도와 내열, 내한성이 우수한 폴리에틸렌 텔레프 탈레이트(PET, 일명 mylar)를 유전체로 사용하고 있으며, 난연성의 직육면체 케이스에 수납하여 고내습성의 수지로 몰딩되어 있다. 그림 4.12는 마일러 콘덴서의 구조를 나타내고 있다.

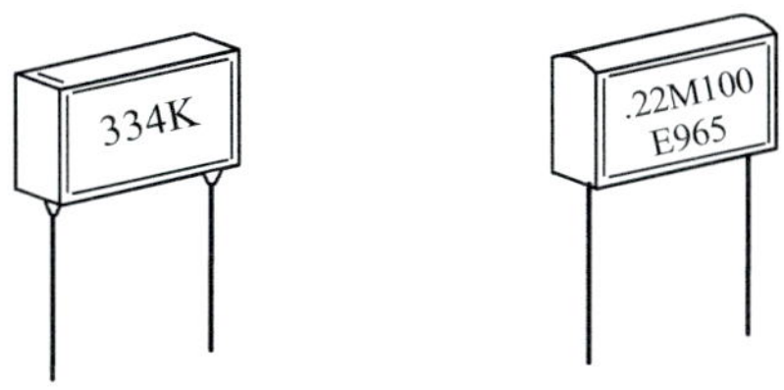

그림 4.12 **마일러 콘덴서**

이 콘덴서는 소형으로 아주 가볍고, 용량은 1,000 [pF] ~ 10 [μF] 정도이며 용량의 정밀도도 높다. 특히 내 펄스 특성에 우수하고 자기 회복 능력이 있는 소자이다.

최근에는 종이 콘덴서보다 특성이 우수하고 가격도 저렴하기 때문에 대량으로 생산되어 일반 통신기기, 라디오, TV 등에 많이 사용되고 있다.

⑤ 세라믹 콘덴서

세라믹 콘덴서는 비유전율이 큰 산화티탄 등의 자기(ceramic)를 유전체로 사용하는 콘덴서이다. 그림 4.13에 나타낸 세라믹 콘덴서의 구조는 세라믹 원판에 2개의 리드선이 한 방향으로 나와 있는 디스크 타입의 형태를 취하고 있다. 또한 내부는 세라믹 원판을 사이에 두고 은(Ag) 전극을 구워 붙인 후 리드선을 뽑아낸 단순한 형태이다.

세라믹 콘덴서의 정격 전압은 25 [V] ~ 500 [V] 정도의 범위이고, 소형이면서 용량은 커서 1 [pF] ~ 1.5 [μF] 정도가 된다.

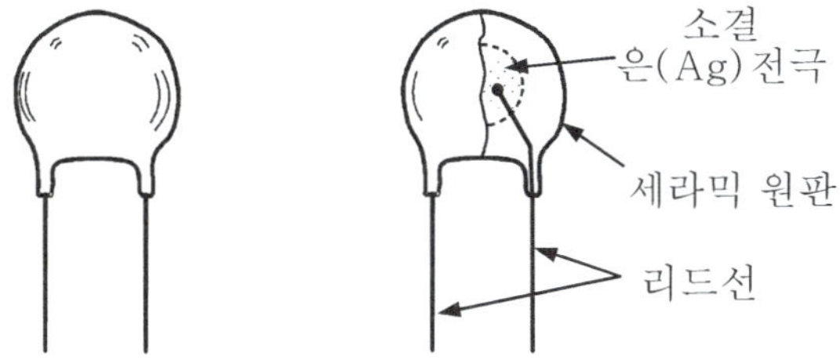

그림 4.13 **세라믹 콘덴서**

⑥ 전해 콘덴서

전해 콘덴서는 순도가 높은 알루미늄 표면에 산화막을 만들고, 이것을 유전체로 이용하는 콘덴서를 말한다.

그림 4.14는 전해 콘덴서의 외관과 구조를 나타낸다. 산화막은 매우 얇고 소형이어서 대용량의 콘덴서를 만드는 데 적합하지만, 절연 저항이 작으므로 절연 파괴나 누전 등이 발생할 우려가 있다. 따라서 전극을 분리시킬 목적으로 전해액이나 전해질 페이스트(paste)를 적신 종이를 사이에 끼운다.

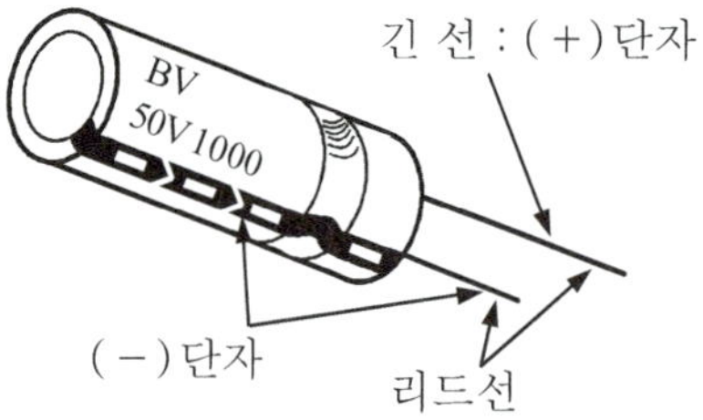

(a) 외관

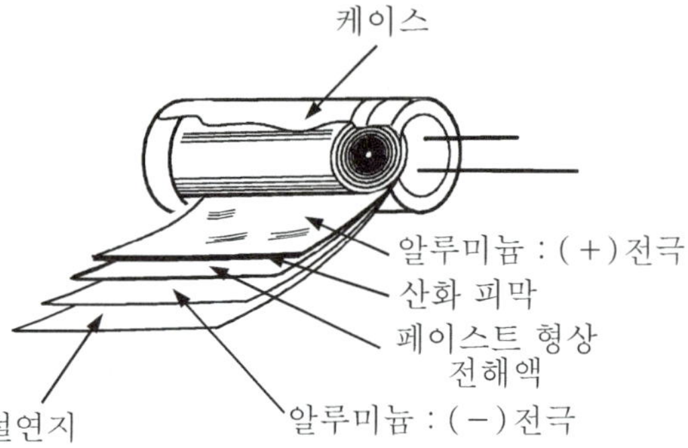

(b) 구조

그림 4.14 **전해 콘덴서**

산화막이 붙어 있는 쪽을 플러스(+)로 하면 전류가 흐르지 않지만, 반대로 하면 대전류가 흘러서 파손되는 경우가 생기기 때문에 리드선은 (+), (−)의 극성을 가진다는 것이 전해 콘덴서의 가장 큰 특징이다. 그러나 교류에서 사용될 경우도 있으므로 역극성으로 2개의 전해 콘덴서를 연결한 무극성 콘덴서도 있다.

현재 사용되고 있는 전해 콘덴서의 대부분은 알루미늄 전해 콘덴서이다.

이에 비해 전기적 특성을 비롯한 여러 가지 면에서 뛰어난 탄탈 전해 콘덴서가 있다. 탄탈은 도체이지만 산화물이 되면 뛰어난 절연체가 된다. 이 탄탈을 산화시켜서 양극으로 하고 유전체로 사용하는 것이 탄탈 전해 콘덴서이다.

2) 가변 콘덴서

가변 콘덴서는 바리콘, 트리머 등의 이름으로 널리 알려져 있다. 특히 공기 바리콘은 라디오의 동조 회로에 사용되어 왔기 때문에 많이 친숙해 있다.

바리콘이나 트리머 콘덴서는 축을 회전시킴으로써 전극의 대향 면적을 바꾸어 용량을 조절하는 가변 콘덴서이다.

① 바리콘

공기(air) 바리콘은 유전체로 공기를 이용한 가변 콘덴서로 라디오나 통신기기 등의 동조 회로나 발진 회로에 사용된다.

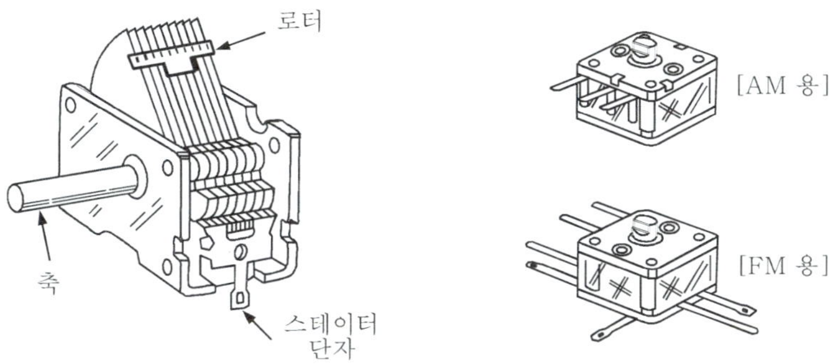

(a) 공기 바리콘 (b) 폴리 바리콘

그림 4.15 **바리콘의 외관**

폴리 바리콘은 유전율이 높은 폴리에틸렌이나 폴리스티롤을 유전체로 이용하고 있으며, 주로 라디오나 무선 주파수를 사용하는 통신 장비에 사용된다.

그림 4.15는 공기 바리콘과 폴리 바리콘의 외관을 나타낸 것이다.

폴리 바리콘의 주요 특징은 소형이라는 장점이 있고, 공기 대신에 절연물을 사용하였으므로 주파수가 높아지면 손실이 많아진다는 것이다. 따라서 동조 회로의 동작점(Q)이 낮아지기 때문에 단파용으로는 적합하지 않다는 것이다.

또한 정밀도에도 문제가 있으므로 정밀을 요하는 측정기용 발전기 등에는 공기 바리콘을 사용하는 것이 좋다.

② 트리머

트리머(trimmer)는 미세 용량 조정을 위한 가변 콘덴서를 의미하며, 용량은 2 ~ 50 [pF] 정도가 많고, 동조 회로의 보정이나 트래킹 조정에 사용된다.

트리머에 사용되는 유전체는 폴리에틸렌, 세라믹, 에어, 마이카 등이고, 그림 4.16에 여러 가지 트리머의 외관을 나타내었다.

트리머의 구조는 보통 마이카 또는 폴리에틸렌 등의 필름 양면에 스프링 모양의 전극판을 붙여서 나사로 고정시킨 형태이고, 이 나사를 돌려서 조이거나 풀면 용량이 변화하게 된다.

전극과 유전체 사이에 먼지나 습기가 침투하면 열화되므로 케이스에 밀봉하여 보관하여야 하고, 주로 계측기 또는 통신 장비에 사용된다.

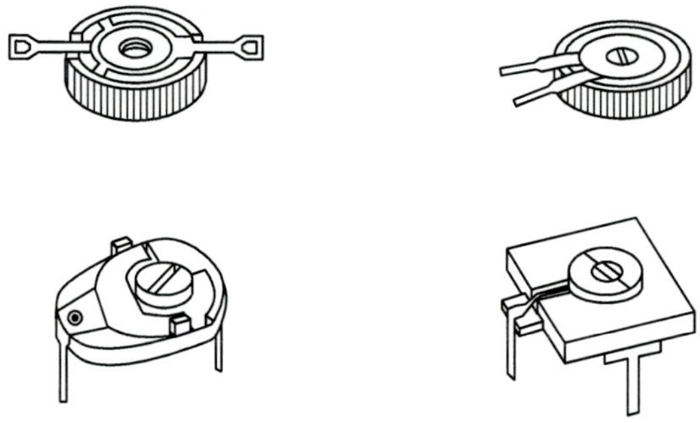

그림 4.16 트리머의 외관

(2) 콘덴서의 판독법

콘덴서는 제조 회사에 따라 표시 방법이 다르지만, 일반적으로 정전 용량, 허용 오차, 정격 사용전압(Working Voltage, WV) 등의 수치나 기호가 표시되어 있고, 그 밖에 온도 특성이나 전기적 특성, 형명 등이 표시되기도 한다.

콘덴서의 표시 방법은 일반적으로 다음과 같은 규약에 의해 정전 용량, 허용 오차, 정격 전압 등을 나타내고 있지만, 제조 회사에 따라 다른 경우도 많이 있다.

1) 정전 용량

세 자리 숫자로 표시되며, 앞의 두 숫자는 정전 용량의 유효 숫자를, 세 번째 숫자는 10의 배수를 나타낸다. 특별한 언급이 없는 경우에 정전 용량의 단위는 [pF]을 의미하고, 소수점을 나타낼 때에는 R을 사용하기도 한다.

【예】 $104 \rightarrow 10 \times 10^4\,[\text{pF}] = 100{,}000\,[\text{pF}] = 0.1\,[\mu\text{F}]$

$4R7 \rightarrow 4.7\,[\text{pF}]$

2) 허용 오차

허용 오차는 표 4.3과 같이 영문자로 표시한다.

표 4.3 콘덴서의 허용 오차

문 자	F	G	J	K	M	N
허용 오차 [%]	±1	±2	±5	±10	±20	±30

【예】 $104K \rightarrow 10\times10^4$ [pF] = 0.1 [μF] ±10 [%]

$153\ J \rightarrow 15\times10^3$ [pF] = 0.015 [μF] ±5 [%]

※ 정전 용량[pF]을 직접 표시하는 경우

$20K \rightarrow 20$ [pF] ±10 [%]

$0.033F \rightarrow 0.033$ [pF] ±1 [%]

세라믹 콘덴서는 소형이기 때문에 숫자 표시만으로 정전 용량을 표시하고 있다.

3) 정격 전압

정격 전압은 숫자와 영문자로 표시하며, 앞의 숫자는 전압의 10의 배수를, 뒤의 영문자는 전압의 유효 숫자를 의미한다. 표 4.4는 콘덴서의 전압을 표시한 것이다.

표 4.4 콘덴서의 전압 유효 숫자

문 자	A	B	C	D	E	F	G	H	J	K
유효 숫자	1.0	1.25	1.6	2.0	2.5	3.15	4.0	5.0	6.3	8.0

【예】 $2G \rightarrow 10^2\times4.0 = 400$ [V]

$3D \rightarrow 10^3\times2.0 = 2{,}000$ [V]

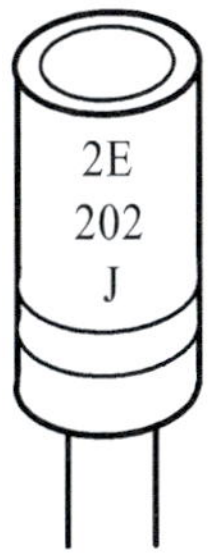

정격 용량 : $202 \rightarrow 20\times10^2$ [pF] = 2,000 [pF]

허용 오차 : $J \rightarrow$ ±5 [%]

정격 전압 : $2E \rightarrow 10^2\times2.5$ [V] = 250 [V]

이상과 같이 일반적인 표시 방법이 있지만, 다음의 예와 같이 제조 회사에 따라 표시 방법이 다른 경우도 있다.

【예】 .22M → 0.22 [μF]

여기서 M 또는 (M)의 표시는 [pF]의 단위를 의미한다.

【예】 500 W → 정격 전압 500 [V]

정격 전압은 W 또는 WV(Working Voltage)로 표시하는 경우도 있다. 여기서 정격 전압은 직류 전압을 계속 가하여도 사용할 수 있는 전압을 의미하며, 교류 전압을 사용할 때에는 교류의 피크값을 고려하지 않으면 안된다.

또한 온도[℃]가 표시되어 있는 콘덴서는 열에 약하므로 그 이하의 온도에서 사용하도록 한다.

3. 사용기기 및 재료

(1) 각종 저항 ···················· 1대
(2) 각종 가변 저항 ···················· 각 1개
(3) 각종 콘덴서 ···················· 각 1개
(4) 회로 시험기 ···················· 1대
(5) 만능 기판(bread board) ···················· 1개

4. 실험 방법

(저항 판독법)

(1) 다음의 표 4.5에 주어진 색띠에 해당하는 저항값과 오차를 기록한다.

표 4.5 각종 색띠에 의한 저항값

번 호	색코드				저항값 [Ω]	허용오차 [%]
	첫째자리	둘째자리	셋째자리	네째자리		
1	녹(초록)	황(노랑)	등(주황)	무		
2	적(빨강)	적(빨강)	황(노랑)	무		
3	황(노랑)	자(보라)	금	은		
4	자(보라)	회	백(하얀)	은		
5	청(파랑)	회	흑(검정)	금		
6	녹(초록)	청(파랑)	금	금		

(2) 다음의 표 4.6에 주어진 저항값에 해당하는 색띠를 기록한다.

표 4.6 각종 색저항의 색띠

번 호	저항값	허용오차 [%]	색코드			
			첫째자리	둘째자리	셋째자리	네째자리
1	25[KΩ]	±10				
2	1.2[KΩ]	±10				
3	390[Ω]	±10				
4	33[KΩ]	±5				
5	4.7[Ω]	±5				

(3) 주어진 색저항에 대한 각각의 색띠, 저항값, 허용 오차 등을 표 4.7에 기록한다.

표 4.7 각종 색저항 판독 결과

번 호	색코드				저항값 [Ω]	허용오차 [%]	측정값 [Ω]
	첫째자리	둘째자리	셋째자리	네째자리			
1							
2							
3							
4							
5							

(분압기 실험)

(4) 그림 4.7의 가변 저항기(분압기)의 단자를 A, B, C라 하고, 만능 기판에 배치한 다음 각 단자에서 리드선을 뽑는다. 분압기의 회전축을 반시계 방향으로 완전히 돌린 후, 회로 시험기로 단자 A와 B, A와 C, B와 C 사이에 각각 연결하여 그 때의 저항값 R_{AB}, R_{AC}, R_{BC}를 측정하고, $R_{AC}+R_{BC}$의 계산값도 표 4.8에 기록한다.

(5) 가변 저항기의 단자 B와 C에 회로 시험기를 연결하고, 회전축을 시계 방향으로 돌리면서 저항값의 변화를 관찰한다. 또 회전축을 완전히 시계 방향으로 돌린 후 다음의 저항값을 측정하여 표 4.8에 기록한다.

(6) 가변 저항기의 회전축을 임의의 위치에서 고정시키고, 단자 A, B, C 사이의 저항값을 각각 측정하여 기록하고, $R_{AC}+R_{BC}$의 계산값도 표 4.8에 기록한다.

(7) 실험 방법 (4), (5), (6)항에서 $R_{AC}+R_{BC}$의 계산값과 R_{AB}의 측정값을 비교하여 어떤 관계가 있는지 검토한다.

표 4.8 가변 저항(분압기) 실험 측정

가변 저항 설정	R_{AC}	R_{BC}	R_{AB}	$R_{AC}+R_{BC}$ (계산값)
반시계 방향				
시계 방향				
임의의 위치				

(콘덴서 판독법)

(8) 주어진 여러 가지 콘덴서를 가지고 판독법에 의해 형명(규격), 정전 용량, 허용 오차, 정격 전압을 표 4.9에 기록한다.

표 4.9 각종 콘덴서 판독 결과

콘덴서	형 명	정전 용량	허용 오차	정격 전압	비 고
1					
2					
3					
4					
5					

5. 고찰 및 평가

(1) 전기 및 전자 회로에서 저항기를 사용하는 목적을 설명하라.

(2) 저항과 콘덴서의 종류를 열거하고, 특징을 설명하라.

(3) 색저항 및 콘덴서에 단위 표시가 없는 경우, 단위는 각각 무엇을 나타내는지 기록하라.

실험 05

회로 시험기에 의한 측정법

1. 목적

1) 회로 시험기의 구조와 구동 원리를 이해한다.
2) 회로 시험기의 사용법을 습득하여 여러 가지 전기부품의 검사 및 측정법을 익힌다.

2. 이론

회로 시험기는 전환 선택 스위치를 돌려서 직류 전압, 직류 전류, 교류 전압 및 저항 등을 하나의 계기로 측정할 수 있는 종합 기능을 가진 계측기로 멀티미터(multimeter) 또는 테스터(tester)라고도 한다. 또한 회로 시험기는 지침으로 눈금을 읽게 되어 있는 아나로그형(analog type)과 측정값이 직접 수치로 나타나는 디지털형(digital type)이 있다.

(1) 회로 시험기의 구조와 원리

회로 시험기의 구조는 가동 코일형 계측기의 원리와 같다. 가동 코일형 계측기는 영구 자석에 의한 자계 속에 놓여진 가동 코일에 전류가 흐를 때, 자계 및 전류 사이에 생기는 플레밍 왼손 법칙의 전자력에 의한 지침의 회전력을 이용한 계기이다.

회로시험기는 영구 자석 사이에 가동 코일이 놓여 있고, 가동 코일 끝에는 지침이 달려 있다. 따라서 회로시험기의 구동 원리는 자계 속에 놓여 있는 도선에 전류가 흐르면, 그 도선은 플레밍 왼손 법칙에 의한 전자력을 받아 움직이게 되므로 이에 연결된 지침이 회전하게 된다는 것이다.

가동 코일에 흐르는 전류가 I, 자속이 B, 코일의 높이와 폭을 각각 L과 R이라 할 때, 가동 코일이 받는 힘 F는 다음과 같다.

$$F = 2IL \times B \tag{5.1}$$

여기서 가동 코일에 감긴 권수를 N이라 하면, 회전력 T는

$$T = 2RLBNI \tag{5.2}$$

이 된다. 식 (5.2)에서 R, L, B, N은 일정한 값이므로 회전력 T는 전류 I에 비례하게 된다. 따라서 지침의 회전 정도는 흐르는 전류의 양으로 나타나게 되고, 지침은 가동 코일을 붙잡고 있는 용수철의 복원력이 가동 코일이 받는 힘 F와 평형을 이룰 때까지 움직이게 된다. 이와 같은 원리에 의해서 전류를 측정할 수 있고, 저항에 흐르는 전류가 전압에 비례하는 것을 이용하면 전압 측정도 가능해진다.

저항의 크기는 회로 시험기 내부에 있는 별도의 전원에 의해 저항에 흐르는 전류를 측정함으로써 측정된다.

회로 시험기의 내부 전원은 9[V]용 한 개와 1.5[V]용 두 개의 건전지를 사용한다. 계기의 전류 및 전압 측정용 눈금판은 균등 눈금으로 되어 있고, 저항 측정용 눈금판은 대수 눈금으로 되어 있다.

그림 5.1은 회로 시험기의 외관을 나타낸 것이다.

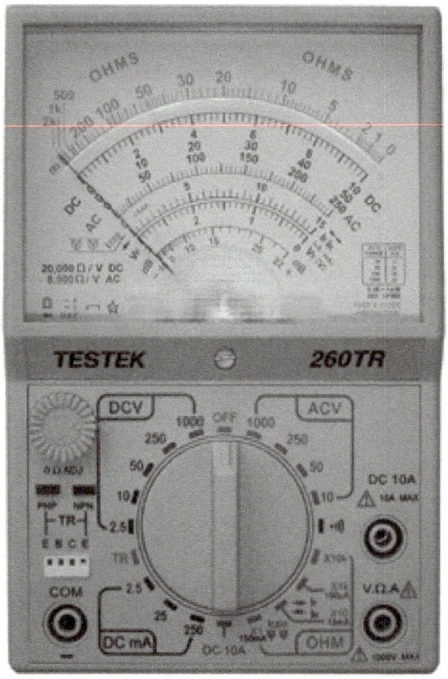

(a) 아날로그 형

(b) 디지털 형

그림 5.1 **회로 시험기의 외관**

(2) 회로 시험기의 사용법

1) 저항 측정

① 전환 선택 스위치를 저항[Ω, OHM]의 예상되는 배율에 맞추어 놓는다.

② 적색과 흑색의 두 단자를 접촉하여 단락시킨 다음, 영 옴 조정기를 좌우로 돌리면서 지침이 저항 눈금의 0 위치에 오도록 조절한다. 이와 같은 영점 조정은 전환 선택 스위치를 전환할 때마다 반드시 반복해서 조절해야 한다.

③ 두 측정 단자를 미지 저항의 양 단자에 접속시켜 측정한다.
저항 측정 중에 저항 양단의 금속 도선을 손으로 잡으면 저항과 사람이 병렬로 연결된 효과가 되어 정확한 측정값을 알 수 없게 된다. 또한 회로에 접속되어 있는 저항기의 저항값을 측정하고자 할 때는 반드시 저항의 한쪽 단자를 회로에서 개방시킨 후 저항을 측정해야 한다.

④ 지침이 가리키는 값과 전환 선택 스위치의 배율을 곱하면 측정하고자 하는 저항의 저항값이 된다. 저항 계기판의 눈금은 대수 눈금으로 만들어져 있으며, 눈금판의 중앙에서 오른쪽은 수치를 세밀하게 읽도록 되어 있으나 왼쪽은 눈금의 간격이 좁고 부정확하다. 따라서 저항값을 측정할 때에는 중앙에서 오른쪽의 눈금을 이용할 수 있는 배율을 선택할 때 정밀하게 측정할 수 있다.

2) 직류 전압 측정

① 전환 선택 스위치를 DCV에 위치시킨다. 측정하려는 전압을 예상할 수 있을 때에는 예상 측정 전압보다 높은 범위에 맞추고, 예상 측정 전압을 알 수 없을 때에는 가장 큰 눈금의 위치로 놓고 지침이 가리키는 눈금에 맞추어 전환 선택 스위치를 한 단계씩 낮추어 가면서 측정한다.

② 직류 전압을 측정할 때에는 적색 리드 단자를 (+) 전극에, 흑색 리드 단자를 (−) 전극에 접속시켜 측정한다. 만약 지침이 반대로 움직이면 두 리드 단자를 반대로 접속한다.

3) 직류 전류 측정

① 전환 선택 스위치를 DC mA에 위치시킨다. 측정하려는 전류를 예상할 수 있을 때에는 예상 측정 전류보다 높은 범위에 맞추고, 예상 측정 전류를 알 수 없을 때에는 250[mA]에서부터 시작한다.

② 직류 전류를 측정할 때에는 회로 시험기를 회로와 직렬로 접속시켜야 하며, 전압이 높은 쪽에 적색 리드 단자(+ 단자)를, 낮은 쪽에 흑색 리드 단자(− 단자)를 접속시켜 측정한다.

4) 교류 전압 측정

① 전환 선택 스위치를 ACV에 위치시킨다. 측정하려는 전압을 예상할 수 있을 때에는 예상 측정 전압보다 높은 범위에 맞추고, 예상 측정 전압을 알 수 없을 때에는 가장 큰 눈금의 위치에 놓고 측정한다.

② 교류 전압을 측정할 때에는 회로 시험기를 회로와 병렬로 접속시켜야 하며, 리드 단자의 극성에 관계가 없다. 또한 최대 측정 전압보다 높은 전압을 측정해서는 안된다.

③ 교류 전압의 눈금은 직류 전압의 눈금과 같이 사용하며, 지침이 가리키는 교류 전압은 실효값을 나타낸다. 만약 최대값(peak value)이 필요한 경우에는 이 값에 $\sqrt{2}$를 곱해 주고, 첨두값(peak to peak value)이 필요한 경우에는 $2\sqrt{2}$를 곱해 준다.

5) 콘덴서의 양부 판정

① 콘덴서는 두 전극 사이에 유전체가 삽입되어 있는 구조이므로 두 전극 사이는 완전히 절연된 상태이다. 따라서 직류 전류는 흐를 수 없고 저항값은 ∞이어야 한다.

② 회로 시험기의 전환 선택 스위치를 저항[OHM]에 놓고, 리드 단자를 콘덴서의 양단에 접촉시키면 순간적으로 충전 전류가 흘러 바늘이 움직이게 된다. 콘덴서의 용량이 작은 것은 충전이 바로 되므로 바늘이 약간만 움직였다가 즉시 ∞로 되돌아가지만, 용량이 큰 것은 많은 충전 전류가 흐르기 때문에 처음에는 거의 도통 상태에서 점차로 충전 전류가 감소하게 되므로 저항값은 커지고, 결국은 절연 상태를 나타낸다. 그러므로 회로 시험기로 콘덴서의 절연 상태뿐만 아니라 용량의 대소를 판정할 수 있다.

6) 다이오드의 양부 판정

① 다이오드는 전류를 한쪽 방향으로 흐르게 하는 소자, 즉 정류 작용을 하는 반도체 소자이다. 따라서 순방향에서는 전류가 잘 흐르고 역방향에서는 잘 흐르지 않는다.
순방향에서의 저항값은 대략 50 ~ 100 [Ω] 정도, 역방향에는 200 [kΩ] ~ 15 [MΩ] 정도이고, 이 저항값의 차이가 클수록 양호한 다이오드이다.

② 그림 5.2와 같이 회로 시험기 내부에 들어있는 건전지의 (+) 전극은 회로 시험기 외부의 흑색 리드 단자(−)에, 건전지의 (−) 전극은 회로 시험기 외부의 적색 리드 단자(+)에 접속되어 있다.
따라서 다이오드의 순방향 저항을 측정할 때는 다이오드의 애노드(양극)에 흑색 리드 단자를, 다이오드의 캐소드(음극)에 적색 리드 단자를 접속하면 전류가 흐르게 되어 저항값은 작게 나타나고, 역방향의 경우에는 반대가 되어 저항값이 크게 나타나게 된다.

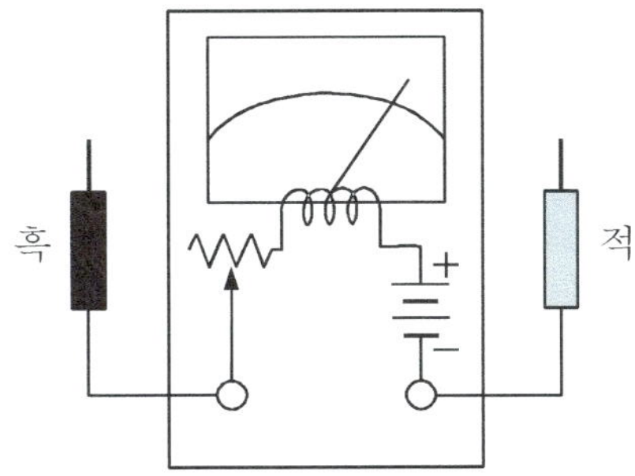

그림 5.2 회로 시험기의 내부회로

즉, 순방향과 역방향의 저항 변화가 큰 다이오드는 양호한 것이고, 그다지 크지 않으면 불량품이 된다.

7) 트랜지스터의 극성 판정

① 트랜지스터는 다이오드 2개를 접속한 것과 같이 볼 수 있으므로 순방향에는 작은 저항, 역방향에는 큰 저항이 나타나며, 특히 이미터와 컬렉터 사이에는 저항이 클수록 좋다.

② 회로 시험기의 전환 선택 스위치를 $R\times 1K$에 맞추고 리드 단자를 트랜지스터의 전극에 교대로 접속시키면서 공통으로 회로가 통하는 단자가 베이스가 된다. 지침이 움직일 때 NPN형에서 흑색 리드 단자 쪽이 베이스 단자가 되고, PNP형에서는 적색 리드 단자 쪽이 베이스 단자가 된다. 따라서 트랜지스터는 전극 사이의 저항 측정만으로 특성을 알기는 어렵지만, 양부 판정 및 세 단자 중 하나를 알 경우 다른 전극을 찾을 수 있다.

3. 사용기기 및 재료

(1) 직류 전원 공급 장치 ………… 1대
(2) 교류 전압 조정기 ………… 1대
(3) 각종 저항 ………… 각 1개
(4) 각종 콘덴서 ………… 각 1개
(5) 각종 다이오드 ………… 각 1개
(6) 각종 트랜지스터 ………… 각 1개
(7) 회로 시험기 ………… 1대
(8) 만능 기판(bread board) ………… 1개

(9) 리드선 ·· 다수

4. 실험 방법

(저항 측정)

(1) 회로 시험기의 전환 선택 스위치를 예상 저항값이 눈금판의 중간 부분에서 읽힐 수 있도록 놓는다.

(2) 적색과 흑색의 리드 단자를 접속시켜 영점 조정을 한다.

(3) 주어진 각종 저항을 만능 기판에 취부하고 회로 시험기로 측정하여 기록한다. (단, 저항은 100 [Ω] 이상을 사용한다.)

$R_1 =$, $R_2 =$, $R_3 =$

$R_4 =$, $R_5 =$, $R_6 =$

(직류 전류 측정)

(4) 저항 측정 실험에서 사용한 저항을 이용하여 그림 5.3과 같이 회로를 결선한다.

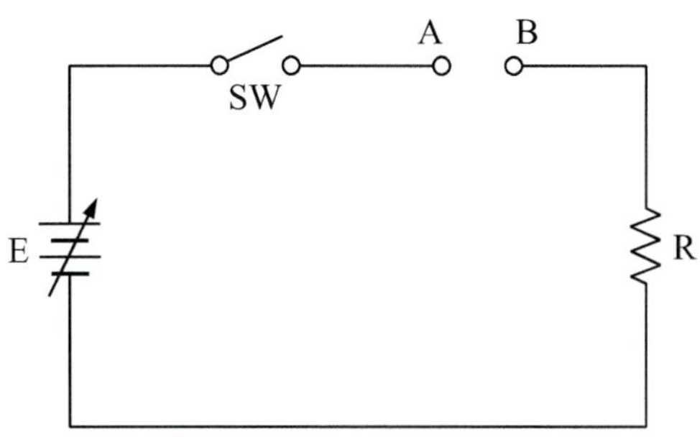

그림 5.3 **직류 전류 측정**

(5) 회로 시험기의 전환 선택 스위치를 DC mA에 놓고, 적색 리드 단자를 A, 흑색 리드 단자를 B에 접속하여 회로에 직렬이 되도록 한다.

(6) 전원 전압을 5[V]로 인가하고 스위치를 투입한 다음, 회로 시험기로 이 회로에 흐르는 전류를 측정하여 표 5.1에 기록한다.

(7) 저항을 바꾸어 가면서 전류를 측정하여 표 5.1에 기록한다.

(8) 전원 전압을 10[V]로 인가하고 실험 방법 (6)항과 (7)항을 반복하여 실험한다.

표 5.1 직류 전류 측정 실험

전원 전압 [V]	직류 전류 I[mA]					
	R_1 :	R_2 :	R_3 :	R_4 :	R_5 :	R_6 :
5						
10						

(직류 전압 측정)

(9) 회로 시험기의 전환 선택 스위치를 DCV에 놓고, 그림 5.4와 같이 결선한다.

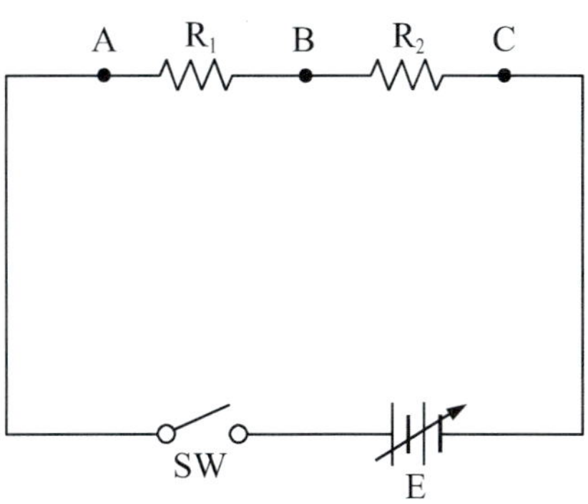

그림 5.4 **직류 전압 측정**

(10) 스위치를 넣고 전원 전압 5[V]를 인가한 다음, 저항 R_1과 R_2의 양단에 회로 시험기의 리드 단자를 접속하여 각각 전압 강하를 측정하여 표 5.2에 기록한다. 단, 전압이 높은 쪽에 적색 리드 단자를, 낮은 쪽에 흑색 리드 단자를 접속하여야 한다.

(11) 저항 R_1과 R_2 대신에 다른 저항으로 바꾸어 실험 방법 (10)항을 반복한다.

(12) 전원 전압 10[V]에 대하여도 실험 방법 (10)항과 (11)항을 반복하여 실험 결과를 표 5.2에 기록한다.

표 5.2 직류 전압 측정 실험

전원 전압 [V]	직류 전압 V[V]					
	R_1 :	R_2 :	R_3 :	R_4 :	R_5 :	R_6 :
5						
10						

(교류 전압 측정)

(13) 회로 시험기의 전환 선택 스위치를 예상 측정 전압보다 크게 하여 ACV의 위치에 놓는다.

(14) 회로 시험기의 두 리드 단자를 콘센트 또는 교류 전압 조정기의 출력 단자에 접속시켜 교류 전압을 측정하여 표 5.3에 기록한다. 여기서 측정한 교류 전압은 무엇을 의미하는지 표 5.3의 비고란에 기록한다. 단, 교류 전압을 측정할 때에는 리드 단자를 바꾸어도 관계가 없다.

(15) 측정값으로부터 최대값과 첨두값을 계산하여 표 5.3에 기록한다.

표 5.3 교류 전압 측정 실험

번 호	측정값[V]	최대값[V]	첨두값[V]	비 고
1				
2				

(콘덴서 양부 측정)

(16) 회로 시험기의 전환 선택 스위치를 저항의 위치에 놓는다. 이 때 콘덴서의 정전 용량 1[㎌] 이하는 $R\times10\,K$, 1[㎌] 이상은 $R\times1\,K$, $R\times100$, $R\times10$, $R\times1$에 놓는다.

(17) 주어진 콘덴서의 두 단자에 회로 시험기의 리드 단자를 접속한 다음, 잠시 후에 회로 시험기의 두 리드 단자를 바꾸어 접속한다. 이 때 지침의 움직임을 관찰하여 기록한다.

(다이오드의 양부 판정)

(18) 전환 선택 스위치를 $R\times1\,K$로 놓고, 회로 시험기의 흑색 리드 단자를 애노드에, 적색 리드 단자를 캐소드에 접속하여 순방향 저항을 측정하여 표 5.4에 기록한다.
(다이오드의 캐소드는 원형띠 또는 뾰족한 모양으로 표시가 되어 있다.)

(19) 회로 시험기의 두 리드 단자를 바꾸어 역방향 저항을 측정하여 기록한다.

(20) 순방향과 역방향의 측정 저항값을 비교하여 다이오드의 양부 판정을 표 5.4에 기록한다.

표 5.4 다이오드의 양부 판정

소 자 명		저항 측정값		양부 판정
		순방향	역방향	
다이오드	실리콘형			
	게르마늄형			

(트랜지스터의 극성)

(21) 회로 시험기의 전환 선택 스위치를 저항의 $R\times 1\,K$ 위치에 놓고, 두 리드 단자를 트랜지스터의 두 단자에 접속하거나 리드 단자를 바꾸어 본다. 이 때 저항값이 큰 변화없이 크게 나타날 때 접속되지 않은 나머지 단자는 베이스 단자가 된다.(굵은 점이 표시되어 있는 부분의 단자는 컬렉터를 나타낸다.) 주어진 트랜지스터를 그리고 이미터, 베이스, 컬렉터 단자를 구분하여 나타낸다.

(22) 실험 방법 (21)항에서 알아낸 베이스 단자에 흑색 리드 단자를 대고 적색 리드 단자를 이미터나 컬렉터에 대서 순방향이 되면 NPN형이고, 역방향이 되면 PNP형이 된다. 주어진 트랜지스터의 형명을 각각 기록하고, 형(type)을 구분하여 나타낸다.

(23) 주어진 트랜지스터 단자 E−B, B−C 사이의 순방향과 역방향의 저항값을 각각 측정하여 표 5.5에 기록한다. NPN형에서 순방향 측정은 베이스 단자에 흑색 리드 단자, 역방향 측정은 적색 리드 단자에 접속한다. 단, PNP형에서는 회로 시험기의 리드 단자를 반대로 접속해야 한다.

(24) 트랜지스터의 컬렉터와 이미터 사이의 저항을 측정하여 표 5.5에 기록한다. 여기서 회로 시험기는 $R\times 10\,K$의 위치에 두고, NPN형은 이미터에 흑색, PNP형은 적색 리드 단자를 접속하여 측정한 것을 E−C란에, 반대로 접속하여 측정한 저항값을 C−E란에 기록한다.

표 5.5 트랜지스터의 단자간 저항

트랜지스터	$E-B$ 사이		$B-C$ 사이		$C-E$ 사이	
	순방향	역방향	순방향	역방향	$E-C$	$C-E$
NPN 형						
PNP 형						

(25) 저항값을 측정한 결과, 각각의 NPN형과 PNP형에서 저항값이 가장 작은 단자와 가장 큰 경우의 단자간과 그 때의 저항값을 기록한다.

NPN형 :

PNP형 :

5. 고찰 및 평가

(1) 회로 시험기로 저항 측정을 할 때에 가장 주의해야 할 점에 대하여 설명하라.

(2) 회로에 연결된 저항을 측정하는 방법과 그 이유에 대하여 설명하라.

(3) 콘덴서 양부 측정에서 지침이 움직이지 않았을 때, 이 콘덴서의 상태를 말하라.

(4) 콘덴서 양부 측정에서 지침이 움직였다면 그 이유를 설명하라.

(5) 다이오드의 순방향과 역방향 저항을 측정할 때 회로 시험기의 리드 단자의 극성을 반대로 접속하여 측정하는 이유를 설명하라.

(6) 다이오드의 순방향과 역방향의 저항값이 같다면 이 다이오드는 어떤 상태인지 설명하라.

(7) NPN형 트랜지스터에서 베이스 단자에 회로 시험기의 어떤 리드 단자를 접속해야 순방향 저항을 측정할 수 있는지 설명하라.

실험 06

전압계 및 전류계 사용법

1. 목적

1) 회로의 전압과 전류를 측정하기 위한 전압계 및 전류계의 사용 방법과 취급 방법을 익힌다.

2. 이론

직류 전압계 및 직류 전류계는 주로 가동 코일형 계기가 많이 사용되고 있다.

가동 코일형은 영구 자석에 의한 자계 속에 놓여진 가동 코일에 전류가 흐를 때, 자계 및 전류 사이에 생기는 플레밍 왼손 법칙의 전자력에 의한 지침의 회전력을 이용한 계측기이다.

(1) 전압계

전압계는 가동 코일형 계측기이며, 눈금판은 균등 눈금을 가지고 있는 두 점 사이의 전위차, 즉 전압을 측정하는 계측기이다. 전압계는 직류 전압계와 교류 전압계가 있고, 내부 저항이 큰 것일수록 측정 오차가 적다.

전압을 측정할 때에는 측정하고자하는 전압보다 큰 것을 사용해야 하고, 그림 6.1과 같이 부하 또는 전원과 병렬로 접속하여야 한다.

특히 교류 전압계에서는 극성에 관계없이 접속해도 측정이 가능하지만, 직류 전압계에서는 반드시 전위가 높은 쪽에 (+) 단자를, 전위가 낮은 쪽에 (−) 단자를 접속하여 측정한다.

(2) 전류계

전류계는 가동 코일형 계측기이며, 눈금판은 균등 눈금을 가지고 있다. 또한 직류 전류를 측정하는 직류 전류계와 교류 전류를 측정하는 교류 전류계가 있다.

전류를 측정하려면 그림 6.2와 같이 전류계는 회로의 중간에 직렬로 접속해야 한다.

전압계에서와 마찬가지로 교류 전류계에서는 극성에 관계없이 접속해도 측정이 가능하지만, 직류 전류계에서는 반드시 전위가 높은 쪽에 (+) 단자를, 전위가 낮은 쪽에 (−) 단자를 접속하여 측정한다.

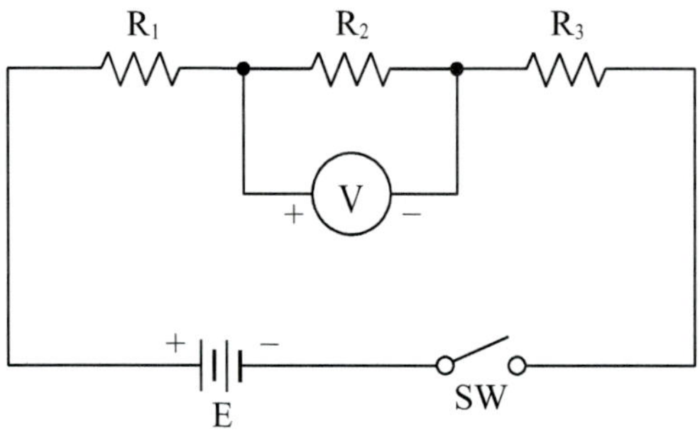

그림 6.1 **전압계의 접속**

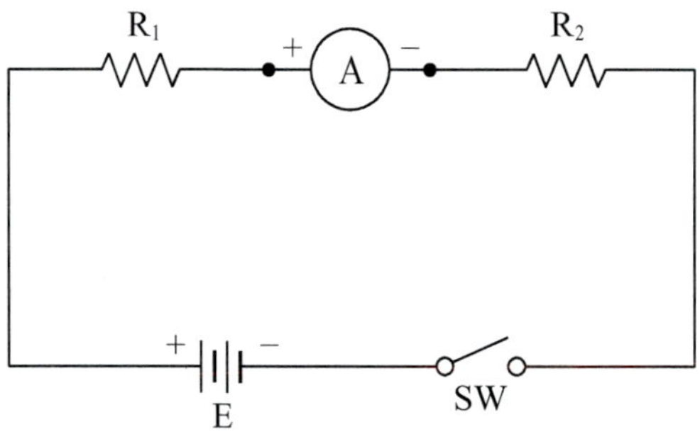

그림 6.2 **전류계의 접속**

3. 사용기기 및 재료

(1) 직류 전원 공급 장치(DC Power Supply) 1대
(2) 직류 전압계(10/50[V]) 1대
(3) 직류 전류계(10/50[mA]) 1대
(4) 저항(1[kΩ]) 3개
(5) 회로 시험기 1대
(6) 만능 기판(bread board) 1개
(7) 리드선 .... 다수

4. 실험 방법

(전압계 사용법)

(1) 저항 1 [kΩ] 3개를 직렬로 하여 그림 6.3과 같이 회로를 결선한다.

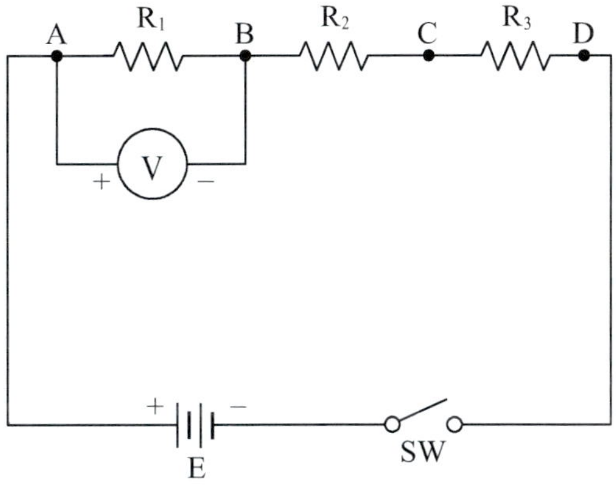

그림 6.3 **전압 측정 회로**

(2) 회로 시험기를 사용하여 표 6.1의 각 단자간의 저항값을 측정하여 기록한다.

(3) 표 6.1에서 각 저항 R_1, R_2, R_3의 합과 $R_1+R_2+R_3$의 합성 저항값을 비교하여 검토한다.

$$\begin{cases} R_1,\ R_2,\ R_3\text{의 합} = \\ R_1+R_2+R_3 = \end{cases}$$

(4) 스위치를 넣고 전원 직류 전압 12 [V]를 인가한 후, 각 단자간의 전압을 전압계로 측정하여 표 6.1에 기록한다.

(5) 표 6.1에서 각 저항에 걸리는 전압 V_{AB}, V_{BC}, V_{CD}의 합과 전 저항에 걸리는 V_{AD}의 전압을 비교하여 검토한다.

$$\begin{cases} V_{AB},\ V_{BC},\ V_{CD}\text{의 합} = \\ V_{AD} = \end{cases}$$

표 6.1 전압 측정 실험

번호	단자	저항[Ω]	전압[V]
1	A−B		V_{AB} :
2	B−C		V_{BC} :
3	C−D		V_{CD} :
4	A−C		V_{AC} :
5	A−D		V_{AD} :

(전류계 사용법)

(6) 저항 1[kΩ]의 3개를 이용하여 그림 6.4와 같이 회로를 결선한다.

(7) 회로 시험기를 사용하여 그림 6.4(a, b, c)의 각 합성 저항을 측정하여 표 6.2에 기록한다.

(8) 전원 직류 전압 12[V]를 인가한다면 실험 방법 (7)항의 결과로부터 옴의 법칙$\left(I=\dfrac{E}{R}\right)$을 이용하여 그림 6.4(a, b, c) 회로에서 흐르는 전류 I_a, I_b, I_c를 계산하여 표 6.2에 기록한다.

(9) 스위치를 넣고 전원 직류 전압 12[V]를 인가한 후, 그림 6.4(a, b, c) 회로에서 흐르는 전류 I_a, I_b, I_c를 전류계로 측정하여 표 6.2에 기록한다.

(10) 실험 방법 (8)과 (9)항의 값이 일치하는지 확인하고, 일치하지 않는다면 그 이유를 설명하라.

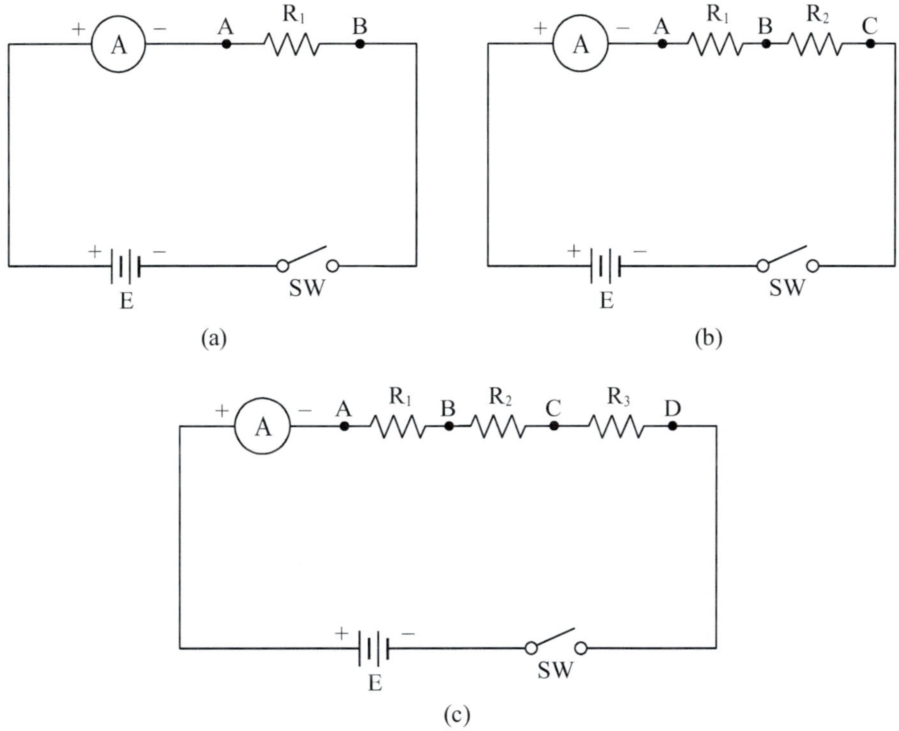

그림 6.4 **전류 측정 회로**

표 6.2 **전류 측정 실험**

회 로 (그림 6.4)	저항[Ω]	전 류[mA]	
		계산값	측정값
(a)		I_a :	I_a :
(b)		I_b :	I_b :
(c)		I_c :	I_c :

5. 고찰 및 평가

(1) 표 6.1의 결과에서 저항의 변화에 따라 전압은 어떻게 변화하는지 설명하라.

(2) 표 6.2의 결과에서 저항의 변화에 따라 전류는 어떻게 변화하는지 설명하라.

(3) 직류 전압계 및 직류 전류계를 할 때에 주의할 점에 대하여 기술하라.

(4) 전압계 및 전류계의 동작 원리를 간단히 설명하라.

실험 07

옴의 법칙

1. 목적

1) 회로에서 저항, 전압 및 전류의 상호 관계를 실험을 통하여 익힌다.
2) 저항과 전압을 알 때 옴의 법칙을 이용하여 전류를 계산하고, 실험을 통하여 측정한 전류값과 비교 검토한다.

2. 이론

전기 회로에서 전원과 부하 간에 서로 연결되어 한 개 이상의 폐회로를 구성하게 되면 이 회로에는 전류가 흐르게 된다. 이 때 흐르는 전류는 부하 양단에 걸리는 전압 강하에 비례한다.

전압 E와 전류 I의 관계에서 비례상수를 저항이라 하고 R로 표시한다. 따라서 이들의 상호 관계식은 다음과 같다.

$$\begin{cases} E = RI \\ I = \dfrac{E}{R} \\ R = \dfrac{E}{I} \end{cases} \tag{7.1}$$

이 식을 옴의 법칙이라 하고, 이는 전기 회로에서 기본적으로 적용되는 법칙이다. 또한 이 법칙은 직류 회로에서뿐만 아니라 교류 회로에서도 모두 적용된다.

전원 전압이 10[V]일 때 흐르는 전류가 1[A]이면 비례 상수는 10이 되고, 또 전원 전압이 5[V]일 때 흐르는 전류가 1[A]이면 비례 상수는 5가 된다. 따라서 옴의 법칙 식 (7.1)에 의해 비례상수는 저항과 동일한 값이 된다.

그림 7.1은 전원으로부터 부하 저항 양단에 걸리는 전압, 또 R에 흐르는 전류 회로를

기본적으로 나타내는 회로이다.

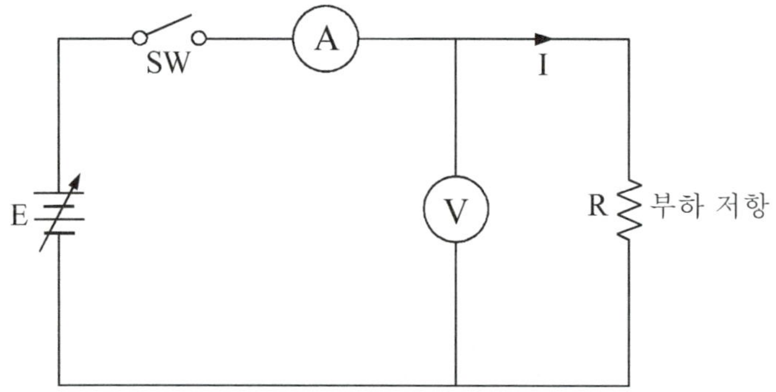

그림 7.1 **옴의 법칙 회로**

3. 사용기기 및 재료

(1) 직류 전원 공급 장치(DC Power Supply) ······ 1대
(2) 직류 전압계(10/50 [V]) ······ 1대
(3) 직류 전류계(10/50 [mA]) ······ 1대
(4) 저항(500 [Ω], 1 [kΩ]) ······ 각 1개
(5) 회로 시험기 ······ 1대
(6) 만능 기판(bread board) ······ 1개
(7) 리드선 ······ 다수

4. 실험 방법

(1) 그림 7.2와 같이 회로를 결선한다.

(2) 저항 $R = 500$ [Ω]을 연결하고, 직류 전원 공급 장치(DC Power Supply)를 표 7.1과 같이 조정하면서 그 때 저항에 흐르는 전류를 측정하여 기록한다. 또 옴의 법칙에 의한 전류를 계산하여 기록한다.

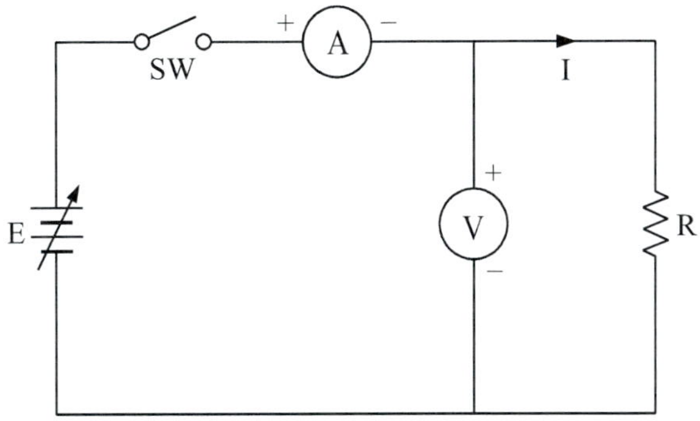

그림 7.2 **옴의 법칙 측정 회로**

(3) 저항 $R = 1000\,[\Omega]$을 연결하고, 실험 방법 (2)항을 반복하여 표 7.2에 기록한다.

표 7.1 **전압과 전류** ($R = 500\,[\Omega]$)

전원 전압[V]	1	2	3	4	5	6	7	8	9	10
측정 전류[mA]										
계산 전류[mA]										

표 7.2 **전압과 전류** ($R = 1000\,[\Omega]$)

전원 전압[V]	1	2	3	4	5	6	7	8	9	10
측정 전류[mA]										
계산 전류[mA]										

(4) 실험 방법 (2), (3)항에서 구한 결과로부터 전압과 전류 변화를 그림 7.3에 각각 나타낸다.

그림 7.3 **전압-전류 그래프**

(5) 실험 방법 (4)항에서 나타낸 그래프로부터 각각 기울기를 구하고, 전류 I에 대한 전압 V의 함수로 표현하여 나타낸다.

(6) 실험 방법 (5)항에서 구한 기울기와 함수로부터 옴의 법칙이 성립하는지 설명한다. (특히 기울기가 의미하는 것을 전압, 전류, 저항 중에서 나타낸다.)

5. 고찰 및 평가

(1) 전압, 전류 및 저항의 상호 관계를 나타낸 옴의 법칙에 관하여 설명하라.

실험 08

전압 강하법에 의한 저항 측정

1. 목적

1) 회로 시험기에 의한 직접적인 저항 측정이 어려운 경우 전압 강하법을 이용하여 미지 저항을 측정하는 방법에 관해 익힌다.
2) 옴의 법칙을 이용하는 전압 강하법에 의한 저항 측정 회로를 습득한다.

2. 이론

저항에 전압이 인가되어 전류가 흐르고 있는 상태에서 회로 시험기를 이용하여 저항값을 직접적으로 측정할 수는 없지만, 간접적으로 측정하는 방법 중 전압 강하법에 의한 저항의 측정 방법은 매우 유용한 방법이 된다.

전압 강하법에 의한 미지 저항의 측정 방법은 옴의 법칙을 이용한 것으로 그림 8.1(a), (b)와 같이 두 가지 방법이 있다.

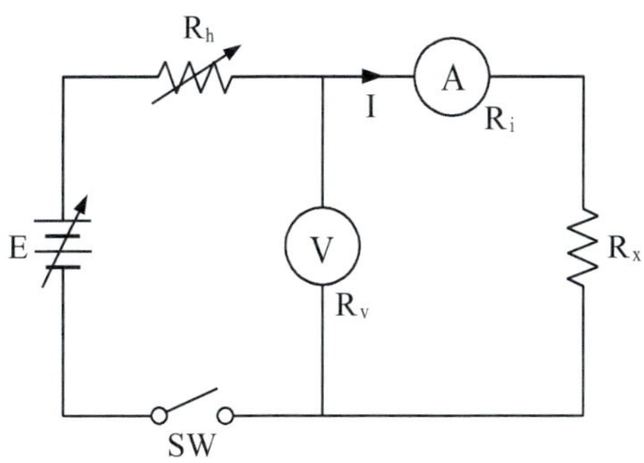

(a) 고저항 측정

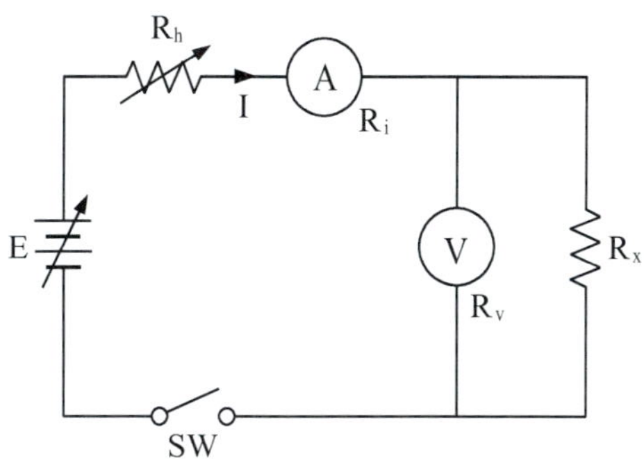

(b) 저저항 측정

그림 8.1 전압 강하법에 의한 저항 측정

이들 회로에서 미지 저항 R_x에 전류 I가 흘렀을 때 이 저항 양단에 걸리는 전압 강하 V는 $V = IR_x$가 된다. 따라서 미지 저항 R_x는

$$R_x = \frac{V}{I} \tag{8.1}$$

의 관계가 성립하므로 전압계와 전류계를 사용하여 저항을 측정할 수 있다.

그림 8.1(a) 회로에서 전압계가 가리키는 전압 V는 전류계의 내부 저항 R_i와 미지 저항 R_x의 양단에 걸리는 전압 강하와 같기 때문에 미지 저항 R_x는 다음과 같이 구할 수 있다.

$$V = I(R_i + R_x) \tag{8.2}$$

$$\therefore \quad R_x = \frac{V}{I} - R_i$$

이 회로는 미지 저항과 전류계의 내부 저항이 직렬로 연결되어 있기 때문에 미지 저항이 고저항으로 되면 전류계의 내부 저항은 상대적으로 매우 작은 저항이 된다. 따라서 전류계의 내부 저항은 무시할 수 있을 정도가 되기 때문에 고저항 측정에 이용된다.

그림 8.1(b) 회로에서 전류계가 가리키는 전류 I는 전압계의 내부 저항 R_v와 미지 저항 R_x로 분류되는 전류의 합이 된다. 따라서 미지 저항 R_x는 다음과 같이 구할 수 있다.

$$I = \frac{V}{R_v} + \frac{V}{R_x} \qquad \therefore \quad R_x = \frac{V}{I - \dfrac{V}{R_v}} \tag{8.3}$$

이 회로는 미지 저항과 전압계의 내부 저항이 병렬로 연결되어 있기 때문에 미지 저항이 저저항으로 되면 전압계의 내부 저항은 상대적으로 매우 큰 저항이 된다. 따라서 전압계의 내부 저항에 흐르는 전류는 무시할 수 있기 때문에 저저항 측정에 이용된다.

한편 그림 8.1(a)에서 미지 저항을 고저항으로 하면 전류계의 내부 저항을, 그림 8.1(b)에서 미지 저항을 저저항으로 하면 전압계에 흐르는 전류를 무시할 수 있기 때문에 식 (8.2)와 식 (8.3)은 다음과 같이 되어 간단히 저항을 구할 수 있다.

$$R_x = \frac{V}{I} \tag{8.4}$$

전기기기의 권선 저항 또는 백열전구의 필라멘트와 같이 전류가 흐르는 상태에서의 저항값은 도체의 성질에서와 같이 발열 작용에 의해 매우 크게 변화하는 성질이 있다.

이와 같이 줄열에 의한 저항값이 변화하는 경우의 저항 측정 방법은 전압 강하법에 의한 간접적인 측정 방법이 적합하다.

저항을 측정하는 방법에는 표 8.1과 같이 여러 가지가 있다.

표 8.1 여러 가지 저항 측정 방법

번호	저항 측정법	적용 대상
1	전압 강하법	① 백열전구의 필라멘트 ② 전기기기의 권선 저항
2	휘스톤 브리지법	① 가는 전선 ② 검류계의 내부 저항 ③ 0.1 ~ 100,000 [Ω] 범위의 저항
3	캘빈 더블 브리지법	① 굵은 나전선
4	코올라시 브리지법	① 전해액

3. 사용기기 및 재료

(1) 직류 전원 공급 장치 ········· 1대

(2) 직류 전압계(10/50 [V]) ········· 1대

(3) 직류 전류계(5/10/50 [mA]) ········· 1대

(4) 저항(50, 100, 200 [Ω], 1 [kΩ], 2 [kΩ]) ········· 각 1개

(5) 가변 저항(1 [kΩ]) ········· 1개

(6) 회로 시험기 ········· 1대

(7) 만능 기판(bread board) ········· 1개

(8) 리드선 ········· 다수

4. 실험 방법

(전압 강하법에 의한 고저항 측정 회로)

(1) 색코드에 의해 주어진 색저항의 저항값을 회로 시험기에 의해 정확히 측정하여 표 8.2에 기록한다.

(2) 그림 8.2와 같이 회로를 결선한다. 여기서 가변 저항기 R_h는 최대 1[kΩ]을 사용한다.

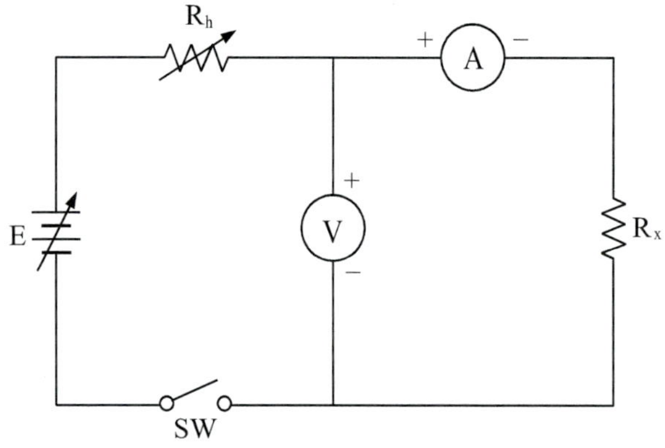

그림 8.2 **전압 강하법에 의한 고저항 측정**

(3) 우선 가변 저항은 500[Ω]으로 조절하고, 미지 저항 50[Ω]을 연결한다.

(4) 전원 전압은 6[V]를 인가하고 다음 스위치를 닫는다. 전류계의 지침은 눈금판의 중앙 부근에 오도록 설정하여 그 때의 전압계와 전류계의 지시값을 읽고 표 8.2에 기록한다.

(5) 미지 저항을 바꾸어 가면서 실험 방법 (3)~(4)항을 반복 실험한다.

(6) 전압 강하법에 의해 미지 저항 $R_x\left(=\dfrac{V}{I}\right)$를 계산하고, 또한 편차와 오차도 계산하여 표 8.2에 기록한다.

표 8.2 고저항 측정 회로 결과

색저항 [Ω]	측정저항 R_t [Ω]	전압계 V[V]	전류계 I[A]	미지저항 $R_x\left(=\dfrac{V}{I}\right)$	편차 $\lvert R_x-R_t\rvert$	오차 $\dfrac{\lvert R_x-R_t\rvert}{R_t}\times 100[\%]$
50						
100						
200						
1000						
2000						

(전압 강하법에 의한 저저항 측정 회로)

(7) 그림 8.3과 같이 회로를 결선한다. 여기서 가변 저항기 R_h는 최대 1 [kΩ]을 사용한다.

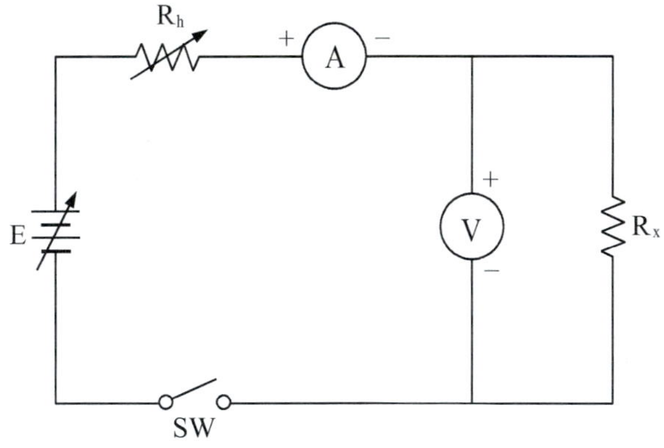

그림 8.3 전압 강하법에 의한 저저항 측정

(8) 우선 가변 저항은 500[Ω]으로 조절하고, 미지 저항 50[Ω]을 연결한다.

(9) 전원 전압은 6[V]를 인가한 다음 스위치를 닫는다. 전류계의 지침은 눈금판의 중앙 부근에 오도록 설정하여 그 때의 전압계와 전류계의 지시값을 읽고 표 8.3에 기록한다.

(10) 미지 저항을 바꾸어 가면서 실험 방법 (3)~(6)항을 반복 실험한다.

(11) 전압 강하법에 의해 미지 저항 $R_x\left(=\dfrac{V}{I}\right)$를 계산하고, 또한 편차와 오차도 계산하여 표 8.3에 기록한다.

표 8.3 저저항 측정 회로 결과

색저항 [Ω]	측정저항 R_t [Ω]	전압계 V[V]	전류계 I[A]	미지저항 $R_x\left(=\dfrac{V}{I}\right)$	편차 $\lvert R_x - R_t \rvert$	오차 $\dfrac{\lvert R_x - R_t \rvert}{R_t}\times 100[\%]$
50						
100						
200						
1000						
2000						

(12) 표 8.2와 표 8.3의 실험 결과로부터 각 저항마다 어떠한 측정 회로가 적합한지 판단하여 설명한다.

5. 고찰 및 평가

(1) 고저항 측정 회로와 저저항 측정 회로 실험에서 저항값의 증가에 따라 오차는 어떠한 변화가 있는지 표 8.2와 표 8.3의 실험 결과로부터 설명하라.

(2) 그림 8.1(a), (b)의 회로에서 각각 전압계의 내부 저항에 흐르는 전류와 전류계의 내부 저항을 무시할 수 있다. 무시할 수 있는 조건과 이유에 대하여 설명하라.

(3) 백열 전구의 필라멘트 저항 측정은 회로 시험기에 의한 직접적인 저항 측정은 올바른 방법이 되지 않는다. 그 이유와 어떤 방법으로 측정하는지 설명하라.

(4) 저항을 측정하는 방법은 여러 가지가 있다. 저항 측정 방법과 적용 대상에 대하여 서술하라.

실험 09

배율기를 사용한 전압 측정

1. 목적

1) 직류 전압계의 측정 범위를 넓히기 위하여 사용하는 배율기의 이론과 원리를 이해한다.
2) 측정하고자하는 전압의 배율에 따른 배율기의 선정 방법을 익힌다.

2. 이론

직류회로에서 전압계의 측정 범위를 확대하기 위하여 온도계수가 작은 저항을 전압계와 직렬로 접속한다. 이 저항을 배율기(multiplier)라고 한다.

배율기는 전압계의 내부저항을 알고 있는 상태에서 임의의 저항, 즉 배율기를 전압계에 직렬로 접속하여 전압의 분배를 이용한 장치이다.

그림 9.1과 같이 측정 전압계의 내부 저항 R_v, 배율기의 저항 R_m, 확대할 전압(인가 전압) E, 전압계의 지시전압 V라고 하면, 이 지시전압 V는 전압 분배 법칙에 의하여 다음과 같이 된다.

$$V = \frac{R_v}{R_v + R_m} E \qquad (9.1)$$

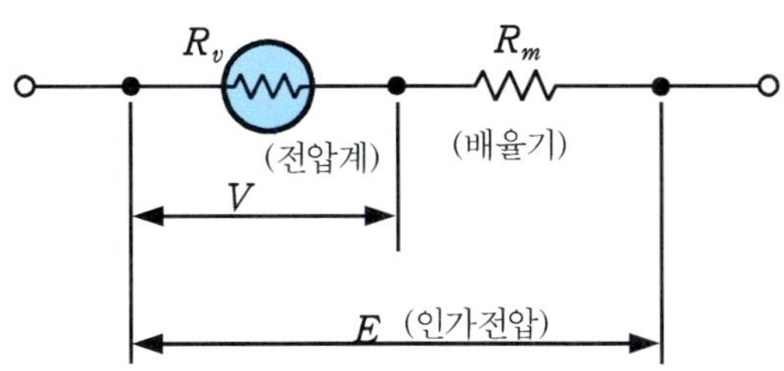

그림 9.1 배율기

$$\frac{E}{V} = \frac{R_v + R_m}{R_v} = 1 + \frac{R_m}{R_v} \tag{9.2}$$

$$E = \left(1 + \frac{R_m}{R_v}\right) V = mV \tag{9.3}$$

식 (9.3)에 의하여 인가전압은 전압계의 지시값 V의 m배가 되므로 이 m을 배율기의 배율이라고 한다. 즉,

$$m = 1 + \frac{R_m}{R_v} \tag{9.4}$$

이 된다. 따라서 전압계를 배율 m으로 측정 범위를 확대하기 위한 배율기의 저항 R_m은 식 (9.4)에 의하여 다음과 같이 얻어지고 전압계의 내부저항보다 큰 것을 직렬 접속해야 한다.

$$\therefore \quad R_m = (m-1)R_v \quad \begin{cases} m = 2\,(\text{배}) \;:\; R_m = R_v \\ m = 3\,(\text{배}) \;:\; R_m = 2R_v \\ m = 4\,(\text{배}) \;:\; R_m = 3R_v \end{cases} \tag{9.5}$$

교류회로에서는 고전압을 측정하기 위하여 2차측을 110 [V]의 저전압으로 변성한 계기용 변압기(Potential Transformer, P.T)에 전압계를 결선하여 측정한다.

예제

전압계의 측정 범위를 5배로 하려고 할 때, 배율기 저항은 전압계 내부저항의 몇 배로 해야 하는지 결정하라.

풀이

배율기의 배율 $m = 5$이고, 배율기의 저항 R_m, 전압계의 내부저항 R_v라 할 때 식 (9.5)에 의하여 배율기의 저항은 다음과 같이 구해지며 전압계 내부저항의 4배가 된다.

$$R_m = (m-1)R_v = (5-1)R_v = 4R_v$$

$$\therefore \quad R_m = 4R_v$$

예제

배율기의 저항 45 [kΩ], 전압계의 내부저항 25 [kΩ]으로 전압계는 200 [V]를 지시하였다. 측정한 전압[V]을 구하라.

풀이

배율기의 저항 $R_m = 45$ [kΩ], 내부저항 $R_v = 25$ [kΩ]인 전압계의 지시전압이 $V = 200$ [V]일 때, 배율기의 배율 m은 식 (9.4)에 의하여 다음과 같이 구한다.

$$m = 1 + \frac{R_m}{R_v} = 1 + \frac{45}{25} = 2.8 \text{ [배]}$$

따라서 실제 측정한 전압 E는 다음과 같이 구해진다.

$$\therefore \quad E = mV = 2.8 \times 200 = 560 \text{ [V]}$$

3. 사용기기 및 재료

(1) 직류 전원 공급 장치 ························ 1대
(2) 직류 전압계(5/10/30 [V]) ························ 1대
(3) 저항 ························ 다수
(4) 가변 저항(50 [kΩ]) ························ 1개
(5) 회로 시험기 ························ 1대
(6) 만능 기판(bread board) ························ 1개
(7) 리드선 ························ 다수

4. 실험 방법

(1) 최대 눈금 5 [V]인 직류 전압계의 내부 저항 R_v를 측정한다.

5 [V] 전압계의 내부 저항 R_v :

(2) 0 ~ 10[V] 범위의 전압을 측정하기 위한 배율 m과 배율기의 저항 R_m을 계산한다.

배율 m :

배율기의 저항 R_m :

(3) 그림 9.2의 회로에서 실험 방법 (2)항에서 계산한 배율기 저항을 적용하여 결선한다.

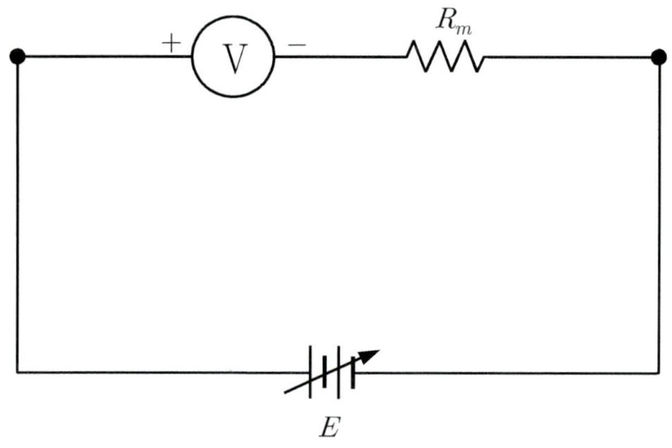

그림 9.2 **배율기 실험 회로**

(4) 직류 전원 2[V]를 인가하고 이 때 전압계의 지시값 V를 측정하여 표 9.1에 기록한다.

(5) 직류 전원 E를 표 9.1의 값에 맞추면서 실험 방법 (4)항을 반복 실험하여 기록한다.

표 9.1 **배율기 회로의 측정값(1)**

인가전압 E[V]	전압계 V[V]	측정 전압 V[V]	배율과 배율기 저항 실험 (2)항
2			(배율) $m=$ (배율기 저항) $R_m=$
4			
6			
8			
10			

(6) 0 ~ 15 [V] 범위의 전압을 측정하기 위한 배율 m과 배율기의 저항 R_m을 계산한다.

배율 m :

배율기의 저항 R_m :

(7) 그림 9.2의 회로에서 실험 방법 (6)항에서 계산한 배율기 저항으로 교체하여 결선한다.

(8) 직류 전원 3 [V]를 인가하고 이 때 전압계의 지시값 V를 측정하여 표 9.2에 기록한다.

(9) 직류 전원 E를 표 9.2의 값에 맞추면서 실험 방법 (8)항을 반복 실험하여 기록한다.

표 9.2 배율기 회로의 측정값(2)

인가전압 E [V]	전압계 V [V]	측정 전압 V [V]	배율과 배율기 저항 실험 (6)항
3			(배율) $m =$ (배율기 저항) $R_m =$
6			
9			
12			
15			

(10) 0 ~ 20 [V] 범위의 전압을 측정하기 위한 배율 m과 배율기의 저항 R_m을 계산한다.

배율 m :

배율기의 저항 R_m :

(11) 그림 9.2의 회로에서 실험 방법 (10)항에서 계산한 배율기 저항으로 교체하여 결선한다.

(12) 직류 전원 5 [V]를 인가하고 이 때 전압계의 지시값 V를 측정하여 표 9.3에 기록한다.

(13) 직류 전원 E를 표 9.3의 값에 맞추면서 실험 방법 (12)항을 반복 실험하여 기록한다.

표 9.3 배율기 회로의 측정값(3)

인가전압 E [V]	전압계 V [V]	측정 전압 V [V]	배율과 배율기 저항 실험 (10)항
5			(배율) $m =$ (배율기 저항) $R_m =$
10			
15			
20			

5. 고찰 및 평가

(1) 어떤 전압계의 측정범위를 10배로 하려고 할 때, 배율기의 저항은 내부저항의 몇 배로 해야 하는지 결정하라.

(2) 100 [V] 전압계의 내부 저항이 20 [kΩ]이다. 이 전압계에 직렬로 100 [kΩ]의 배율기를 접속하였을 때 측정할 수 있는 최대 전압을 구하라.

실험 10

저항의 직•병렬 접속 회로

1. 목적

1) 저항의 직렬 접속 회로에서 합성 저항과 단자 전압과의 관계를 이해한다.
2) 저항의 병렬 접속 회로에서 합성 저항과 각 분기 회로에 흐르는 전류와의 관계를 이해한다.

2. 이론

(1) 저항의 직렬 접속

그림 10.1과 같이 저항 R_1, R_2, R_3를 직렬로 연결하고 그 양단 a, d에 전압 E를 가하면, 회로에 흐르는 전류 I는 각 저항에 흐르는 전류와 서로 같고 일정하다.

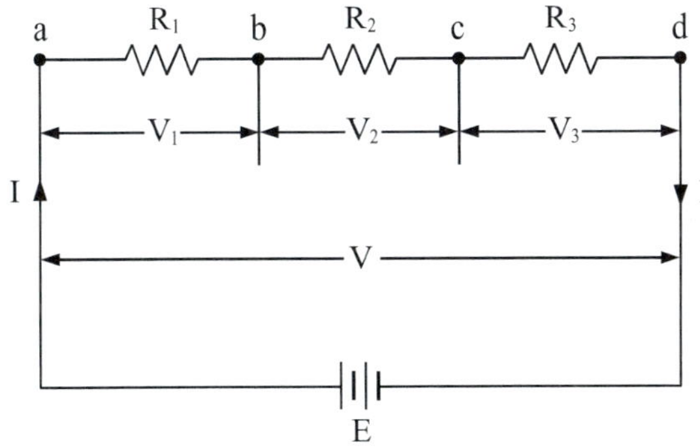

① 전류 I : 일정

② $V = V_1 + V_2 + V_3$

③ $V = IR$ 에서 $V \propto R$

④ $R = R_1 + R_2 + R_3$

그림 10.1 **저항의 직렬 접속**

이 때 각 저항에 걸리는 전압 강하를 V_1, V_2, V_3라 하면 각 전압은 저항에 비례하므로 옴의 법칙에 의해

$$V_1 = IR_1, \quad V_2 = IR_2, \quad V_3 = IR_3 \tag{10.1}$$

이 된다. 또 각 저항에서의 전압의 합은 전체 전압 V와 같으므로

$$V = V_1 + V_2 + V_3 = I(R_1 + R_2 + R_3) \tag{10.2}$$

가 되고, 옴의 법칙 $V = IR$에 의해 전체 합성 저항 R은 다음과 같다.

$$R = \frac{V}{I} = (R_1 + R_2 + R_3) \tag{10.3}$$

즉, 저항이 직렬로 접속된 회로에서 합성 저항은 각 저항의 합과 같다.

(2) 저항의 병렬 접속

그림 10.2와 같이 저항 R_1, R_2, R_3를 병렬로 연결하고 그 양단 a, b에 전압 E를 가하면, 각 저항에 걸리는 전압은 V이고 일정하다.

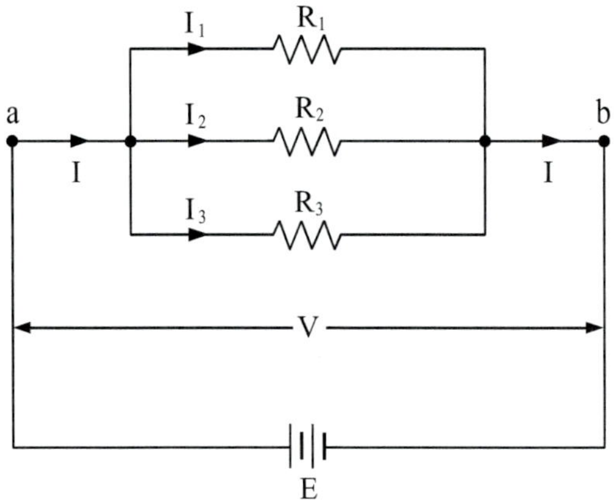

① 전압 V : 일정

② $I = I_1 + I_2 + I_3$

③ $V = IR$에서 $I \propto \frac{1}{R}$

④ $\frac{1}{R} = \frac{1}{R_1} + \frac{1}{R_2} + \frac{1}{R_3}$

그림 10.2 **저항의 병렬 접속**

각 분기 회로에 흐르는 전류 I_1, I_2, I_3는 각 저항에 반비례하므로 옴의 법칙에 의해 다음과 같이 된다.

$$I_1 = \frac{V}{R_1}, \quad I_2 = \frac{V}{R_2}, \quad I_3 = \frac{V}{R_3} \tag{10.4}$$

또 합성 전류 I는 각 저항에 분류되어 흐르는 전류의 합과 같으므로

$$I = I_1 + I_2 + I_3 = V\left(\frac{1}{R_1} + \frac{1}{R_2} + \frac{1}{R_3}\right) \tag{10.5}$$

가 되고, 옴의 법칙 $I = \frac{V}{R}$와 식 (10.5)의 두 식을 비교하면

$$\frac{1}{R} = \frac{1}{R_1} + \frac{1}{R_2} + \frac{1}{R_3} \tag{10.6}$$

이 된다. 즉, 저항이 병렬로 접속된 회로에서 합성 저항의 역수는 각 저항의 역수의 합과 같다.

3. 사용기기 및 재료

(1) 직류 전원 공급 장치 ········· 1대
(2) 직류 전압계(5/10[V]) ········· 2대
(3) 직류 전류계(50/100/300[mA]) ········· 4대
(4) 저항(100[Ω], 200[Ω], 300[Ω]) ········· 각 1개
(5) 회로 시험기 ········· 1대
(6) 만능 기판(bread board) ········· 1개
(7) 리드선 ········· 다수

4. 실험 방법

(저항의 직렬 접속 회로)

(1) 그림 10.3과 같이 회로를 결선한다. 각 저항은 100[Ω], 200[Ω], 300[Ω]을 사용한다. 단, 전압계 V_1, V_2, V_3는 결선하지 않고 실험 과정에서 한 대의 직류 전압계 또는 회로 시험기를 이용하여 각 저항의 전압강하를 측정하기로 한다.

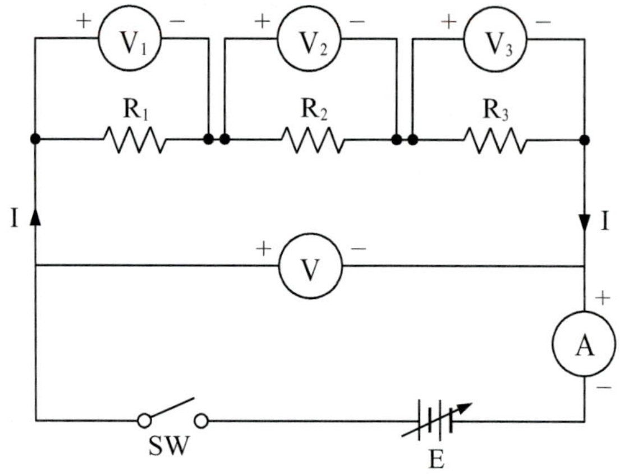

그림 10.3 **저항의 직렬 접속 회로**

(2) 직류 전원이 6[V]일 때 다음을 계산하여 표 10.1에 기록한다.

① 주어진 각 저항의 저항값은 색코드에 의해 판독하여 기록한다. 또 각 저항의 직렬 접속에 의한 합성 저항을 구하는 식 및 계산값을 구하여 기록한다.

$R_1 =$ [Ω], $R_2 =$ [Ω], $R_3 =$ [Ω]

$R =$ $=$ [Ω]

② 회로에 흐르는 전류(전 전류)를 구하는 식과 계산값을 기록한다.

$I =$ $=$ [mA]

③ 각 저항에 걸리는 단자 전압과 전체 전압을 구하는 식을 쓰고 각각에 대하여 계산을 한다.

$V_1 =$ $=$ [V]

$V_2 =$ $=$ [V]

$V_3 =$ $=$ [V]

$V =$ $=$ [V]

(3) 각 저항의 저항값을 회로 시험기를 이용하여 측정하고, 또 세 개의 저항을 직렬 접속한 합성 저항도 측정하여 표 10.1에 기록한다.

(4) 스위치 SW를 닫고 직류 전원 6[V]를 인가한 상태에서 전압계 V와 전류계 I의 측정값을 표 10.1에 기록한다.

(5) 직류 전압계 또는 회로 시험기 한 대를 사용하여 각 저항에 걸리는 단자 전압 V_1, V_2, V_3을 측정하고 표 10.1에 기록한다.

(6) 직류 가변 전원 9[V]로 조정하고 실험 방법 (2)~(5)항을 반복하여 실험한다.

표 10.1 저항의 직렬 접속 실험 결과

직류 전원 [V]		전 류 [mA]	전 압[V]				저 항[Ω]			
			V_1	V_2	V_3	V	R_1	R_2	R_3	R
6	계산값									
	측정값									
9	계산값									
	측정값									

(7) 계산값과 측정값이 일치하는지 확인하고 일치하지 않는다면 그 이유를 설명한다.

(8) 표 10.1의 측정값으로부터 각 저항의 저항값의 합과 합성 저항값, 또 각 저항의 단자 전압의 합과 전체 전압이 일치하는지 비교 검토한다.

(저항의 병렬 접속 회로)

(9) 그림 10.4와 같이 회로를 결선한다. 단, 각 저항은 100[Ω], 200[Ω], 300[Ω]을 사용한다.

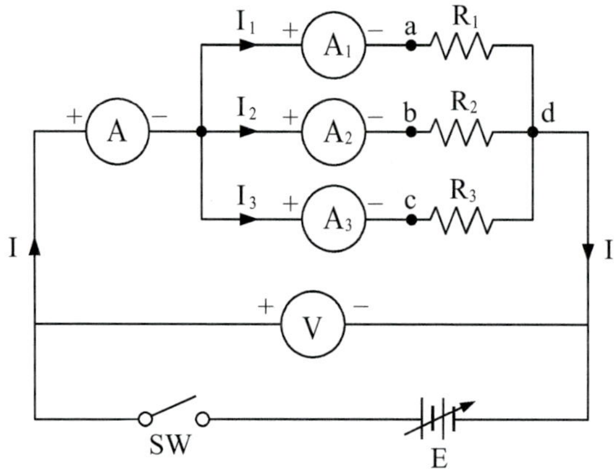

그림 10.4 **저항의 병렬 접속 회로**

(10) 직류 전원이 6[V]일 때 다음을 계산하여 표 10.2에 기록한다.

① 주어진 각 저항의 저항값은 색코드에 의해 판독하여 기록한다. 또 각 저항의 병렬 접속에 의한 합성 저항을 구하는 식 및 계산값을 구하여 기록한다.

$R_1 =$ [Ω], $R_2 =$ [Ω], $R_3 =$ [Ω]

$R =$ $=$ [Ω]

② 각 저항에 걸리는 단자 전압을 기록하고 이 단자 전압과 전체 전압과의 관계를 나타낸다. 단, 표 10.2에는 전체 전압만을 기록한다.

$V_1 =$ [V], $V_2 =$ [V], $V_3 =$ [V]

$V =$

③ 회로의 분기 전류를 계산하고, 전 전류는 분기전류와의 관계식과 계산값을 기록한다.

$I_1 =$ [mA], $I_2 =$ [mA], $I_3 =$ [mA]

$I =$ $=$ [mA]

④ 위 ②, ③항의 전압과 전류만을 가지고 다음의 각 저항을 다시 계산하여 ①항과 비교하여 본다.

$R_1 =$ [Ω], $R_2 =$ [Ω], $R_3 =$ [Ω]

$R =$ $=$ [Ω]

(11) 각 저항의 저항값을 회로 시험기를 이용하여 측정하고, 또 세 개의 저항을 병렬 접속한 합성 저항도 측정하여 표 10.2에 기록한다.

(12) 스위치 SW를 닫고 직류 전원 6[V]를 인가한 상태에서 전체 전압을 나타내는 전압계, 전 전류 및 분기전류를 나타내는 전류계의 측정값을 표 10.2에 기록한다.

(13) 직류 전압계 또는 회로 시험기 한 대를 사용하여 각 저항에 걸리는 단자(a-d, b-d, c-d)간의 전압 V_1, V_2, V_3을 측정하여 전체 전압(실험 방법 (12))과 비교하여 설명한다.

표 10.2 저항의 병렬 접속 실험 결과

<table>
<tr><th colspan="2" rowspan="2">직류 전원
[V]</th><th rowspan="2">전 압
[V]</th><th colspan="4">전 류[mA]</th><th colspan="4">저 항[Ω]</th></tr>
<tr><th>I_1</th><th>I_2</th><th>I_3</th><th>I</th><th>R_1</th><th>R_2</th><th>R_3</th><th>R</th></tr>
<tr><td rowspan="2">6</td><td>계산값</td><td></td><td></td><td></td><td></td><td></td><td></td><td></td><td></td><td></td></tr>
<tr><td>측정값</td><td></td><td></td><td></td><td></td><td></td><td></td><td></td><td></td><td></td></tr>
<tr><td rowspan="2">9</td><td>계산값</td><td></td><td></td><td></td><td></td><td></td><td></td><td></td><td></td><td></td></tr>
<tr><td>측정값</td><td></td><td></td><td></td><td></td><td></td><td></td><td></td><td></td><td></td></tr>
</table>

(14) 실험 방법 (12)항의 측정 결과로부터 각 저항을 계산하여 실험 방법 (11)항의 저항 측정값과 비교해 본다.

$R_1 =$ [Ω], $R_2 =$ [Ω], $R_3 =$ [Ω]

$R =$ [Ω]

(15) 계산값과 측정값이 일치하는지 확인하고 일치하지 않는다면 그 이유를 설명한다.

(16) 표 10.2의 측정값으로부터 각 저항에 흐르는 분기 전류의 합과 전 전류가 일치하는지 비교 검토한다.

5. 고찰 및 평가

(1) 서로 다른 세 개의 저항을 각각 직렬과 병렬 회로를 구성하여 같은 전압을 인가하였다. 이 때 회로에 흐르는 전 전류는 어느 쪽의 회로에 많이 흐르는지 비교하라.

(2) 저항 $R[\Omega]$인 저항 소자 n개를 직렬과 병렬 회로로 접속하였을 때의 합성 저항을 각각 구하라.

직렬 회로 : [Ω]

병렬 회로 : [Ω]

(3) 그림 10.5의 직·병렬 접속 회로에 전원 전압 12[V]를 인가하였다. 다음의 물음에 답하라.

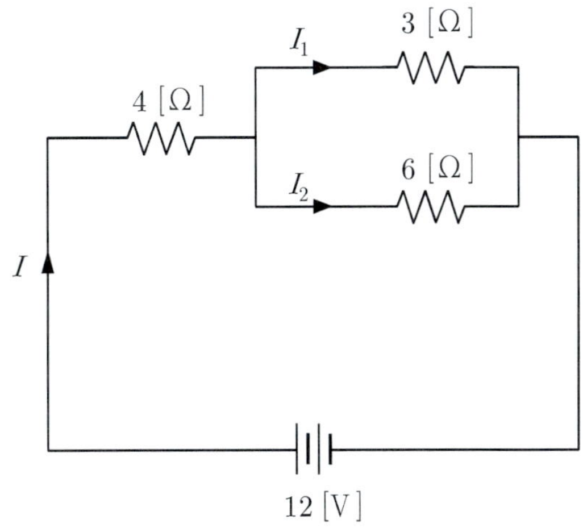

그림 10.5 **저항의 직·병렬 접속 회로**

① 합성 저항을 구하라.

② 각 저항에 흐르는 전류 I, I_1, I_2를 구하라.

③ 각 저항에 걸리는 단자 전압을 구하라.

실험 11

키르히호프의 법칙

1. 목적

1) 회로의 해석에 기본이 되는 키르히호프(Kirchhoff)의 전류 법칙과 전압 법칙을 익힌다.
2) 키르히호프의 법칙을 실험을 통하여 증명하고 이해한다.

2. 이론

복잡한 회로의 경우 각 회로에 흐르는 전류와 전압 사이의 관계를 옴의 법칙으로 해석하기는 어렵다. 따라서 이러한 경우 회로 해석의 기본이 되는 키르히호프의 법칙을 이용하며 두 가지 법칙이 있다. 제 1 법칙을 전류 법칙(KCL), 제 2 법칙을 전압 법칙(KVL)이라 한다.

(1) 키르히호프의 전류 법칙(KCL)

그림 11.1과 같이 여러 개의 회로가 임의의 한 접속점에서 만날 때, 이 점에 흘러 들어오는 전류(유입 전류)와 그 점에서 흘러 나가는 전류(유출 전류)의 대수합은 0 이다.

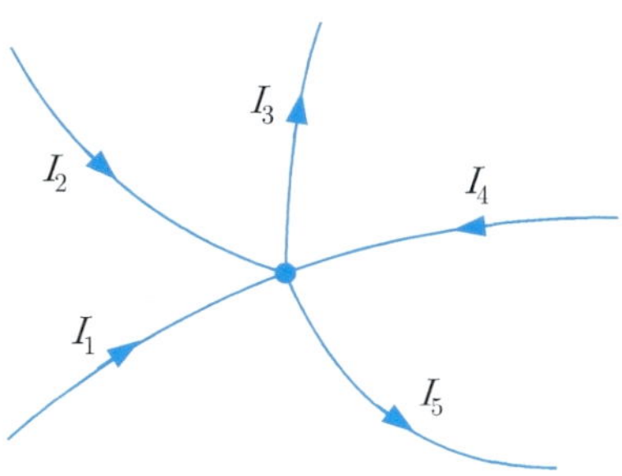

그림 11.1 키르히호프의 전류 법칙

그림 11.1에서 한 점에 흘러 들어오는 전류를 (+), 흘러 나가는 전류를 (−)라고 하면

$$I_1 + I_2 + (-I_3) + I_4 + (-I_5) = 0 \tag{11.1}$$

이 된다. 즉 키르히호프의 전류 법칙(KCL)은 다음과 같이 간단히 표현된다.

$$\sum I_n = 0 \tag{11.2}$$

(2) 키르히호프의 전압 법칙(KVL)

임의의 폐회로를 따라 일정한 방향으로 일주하면서 취한 기전력의 대수합은 그 폐회로의 저항에 생기는 전압 강하의 대수합과 같다.

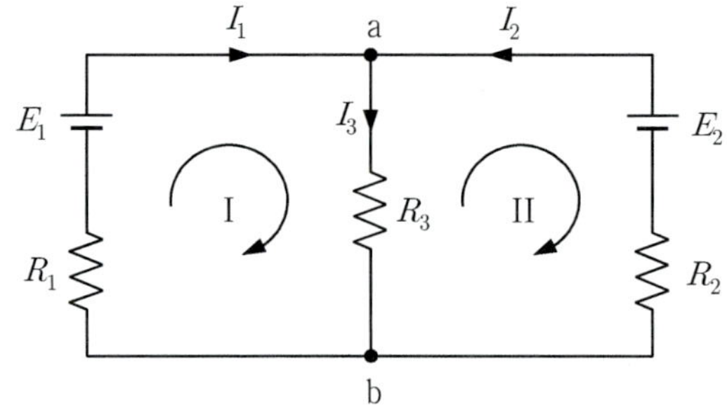

그림 11.2 **키르히호프의 전압 법칙**

그림 11.2와 같이 각 분기 전류 I_1, I_2, I_3의 방향을 정하면 전류 법칙에 의해

$$I_1 + I_2 = I_3 \tag{11.3}$$

이 된다. 또 각 폐회로에 전압 법칙을 적용하면 폐회로 I에서

$$E_1 = I_1 R_1 + I_3 R_3 \tag{11.4}$$

이 되고, 폐회로 II에서는

$$E_2 = I_3 R_3 + I_2 R_2 \tag{11.5}$$

가 된다. 즉 키르히호프의 전압 법칙(KVL)은 다음과 같이 간단히 표현된다.

$$\sum E_n = \sum I_n R_n \tag{11.6}$$

키르히호프의 법칙은 옴의 법칙과 마찬가지로 직류 및 교류 회로에서 성립하는 중요한 법칙이다.

3. 사용기기 및 재료

(1) 직류 전원 공급 장치 ························ 1대
(2) 직류 전압계(5/10[V]) ························ 1대
(3) 직류 전류계(50/100[mA]) ························ 3대
(4) 가변 저항(100[Ω]) ························ 3개
(5) 회로 시험기 ························ 1대
(6) 건전지(1.5[V]) ························ 1개
(7) 만능 기판(bread board) ························ 1개
(8) 리드선 ························ 다수

4. 실험 방법

(키르히호프의 전류 법칙)

【저항의 직렬회로】

(1) 그림 11.3과 같이 회로를 결선한다. 가변 저항 R_1, R_2, R_3는 최대 100[Ω], 가변 직류 전원 E_1은 6[V]로 한다.

(2) 가변 저항 R_1, R_2를 최대로 한 다음, 스위치 SW_1, SW_2를 닫고, 전류계 A_1, A_2의 지시값 I_1, I_2를 측정하여 표 11.1에 기록한다.

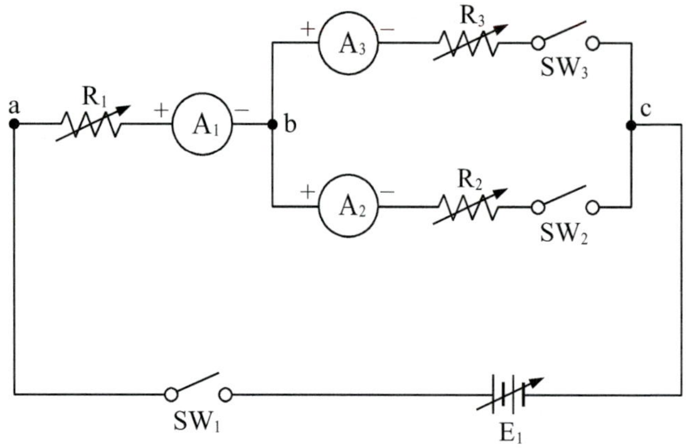

그림 11.3 키르히호프의 전류 법칙 회로

(3) 가변 저항 R_1, R_2를 임의로 변화시켰을 때 I_1, I_2를 측정하여 표 11.1에 기록한다.

(4) 실험 방법 (2)와 (3)항에서 측정한 전류 I_1, I_2의 값은 어떤 관계가 있는지 설명한다.

【저항의 직·병렬회로】

(5) 가변 직류 전원 E_1은 6[V]로 하고, 가변 저항 R_1, R_2, R_3을 최대로 한 다음, 스위치 SW_1, SW_2, SW_3를 닫고, 전류계 A_1, A_2, A_3의 지시값 I_1, I_2, I_3을 측정하여 표 11.1에 기록한다.

(6) 가변 저항 R_2, R_3를 임의로 변화시켰을 때 I_1, I_2, I_3을 측정하여 표 11.1에 기록한다.

표 11.1 키르히호프의 전류 법칙

		【저항의 직렬】				【저항의 직·병렬】						
전원 E_1[V]	가변 저항 설정 위치	저항[Ω]		전류[mA]		저항[Ω]			전류[mA]			
		R_1	R_2	I_1	I_2	R_1	R_2	R_3	I_1	I_2	I_3	I_2+I_3
6[V]	최대											
	임의 위치											

(7) 실험 방법 (5)와 (6)항에서 측정한 전류 I_1, I_2, I_3에서 $I_1 = I_2 + I_3$의 관계가 성립하는지 확인한다.

(키르히호프의 전압 법칙)

(8) 그림 11.4와 같이 회로를 결선한다. 단, 가변 저항 R_1, R_2, R_3는 최대 100[Ω], 가변 직류 전원 E_1은 6[V], 건전지 E_2는 1.5[V]로 한다.

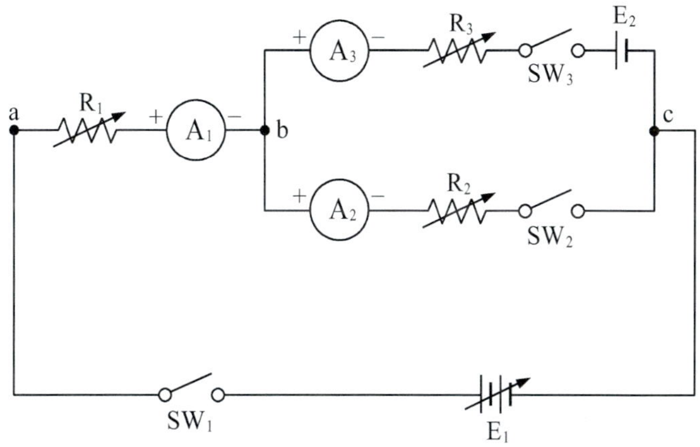

그림 11.4 **키르히호프의 전압 법칙 회로**

(9) 가변 저항 R_1, R_2, R_3를 최대로 한 후, 스위치 SW_1, SW_2, SW_3를 닫고, 전류계 A_1, A_2, A_3의 지시값 I_1, I_2, I_3과 최대의 저항값을 표 11.2에 기록한다.

(10) 전압계 또는 회로 시험기로 저항 R_1, R_2, R_3의 단자 전압 V_1, V_2, V_3 및 E_1, E_2의 단자 전압을 측정하여 표 11.2에 기록한다.

(11) 가변 저항 R_2, R_3를 임의로 변화시켰을 때의 저항값과 그 때의 I_1, I_2, I_3를 측정하여 표 11.2에 기록한다.

(12) 전압계 또는 회로 시험기로 저항 R_1, R_2, R_3의 단자 전압 V_1, V_2, V_3 및 E_1, E_2의 단자 전압을 측정하여 표 11.2에 기록한다.

표 11.2 키르히호프의 전압 법칙

<table>
<tr><th colspan="2">전원[V]</th><th rowspan="2">가변 저항 설정 위치</th><th colspan="3">저항[Ω]</th><th colspan="3">전류[mA]</th><th colspan="5">전압[V]</th></tr>
<tr><th>E_1</th><th>E_2</th><th>R_1</th><th>R_2</th><th>R_3</th><th>I_1</th><th>I_2</th><th>I_3</th><th>E_1</th><th>E_2</th><th>V_1</th><th>V_2</th><th>V_3</th></tr>
<tr><td rowspan="2">6</td><td rowspan="2">1.5</td><td>최 대</td><td></td><td></td><td></td><td></td><td></td><td></td><td></td><td></td><td></td><td></td><td></td></tr>
<tr><td>임의 위치</td><td></td><td></td><td></td><td></td><td></td><td></td><td></td><td></td><td></td><td></td><td></td></tr>
</table>

(13) 스위치 SW_1, SW_2, SW_3를 모두 열고 가변 저항 R_1, R_2, R_3를 최대로 한다.

(14) 그림 11.4에서 건전지 E_2의 극성을 반대로 하고, 실험 방법 (9)~(12)항을 반복하여 실험한다. 각각의 측정값은 표 11.3에 기록한다.

표 11.3 키르히호프의 전압 법칙(E_2 극성 반대)

<table>
<tr><th colspan="2">전원[V]</th><th rowspan="2">가변 저항 설정 위치</th><th colspan="3">저항[Ω]</th><th colspan="3">전류[mA]</th><th colspan="5">전압[V]</th></tr>
<tr><th>E_1</th><th>E_2</th><th>R_1</th><th>R_2</th><th>R_3</th><th>I_1</th><th>I_2</th><th>I_3</th><th>E_1</th><th>E_2</th><th>V_1</th><th>V_2</th><th>V_3</th></tr>
<tr><td rowspan="2">6</td><td rowspan="2">-1.5</td><td>최대</td><td></td><td></td><td></td><td></td><td></td><td></td><td></td><td></td><td></td><td></td><td></td></tr>
<tr><td>임의 위치</td><td></td><td></td><td></td><td></td><td></td><td></td><td></td><td></td><td></td><td></td><td></td></tr>
</table>

5. 고찰 및 평가

(1) 키르히호프 전류 법칙 실험 조건에서 키르히호프 법칙을 이용하여 각 전류를 계산하고 측정 결과와 비교, 검토하라.(저항은 실험에서 설정한 값을 이용한다.)

표 11.4 키르히호프의 전류 법칙

		【저항의 직렬】				【저항의 직·병렬】						
전원 E_1[V]	가변 저항 설정 위치	저항[Ω]		전류[mA]		저항[Ω]			전류[mA]			
		R_1	R_2	I_1	I_2	R_1	R_2	R_3	I_1	I_2	I_3	I_2+I_3
6	최대											
	임의 위치											

(2) 키르히호프 전압 법칙 실험 조건에서 키르히호프 법칙을 이용하여 각 전류를 계산하고 측정 결과와 비교, 검토하라.(저항은 실험에서 설정한 값을 이용한다.)

표 11.5 키르히호프의 전압 법칙

전원[V]		가변 저항 설정 위치	저항[Ω]			전류[mA]			전압[V]				
E_1	E_2		R_1	R_2	R_3	I_1	I_2	I_3	E_1	E_2	V_1	V_2	V_3
6	1.5	최 대											
		임의 위치											

(3) E_2의 극성을 반대로 한 키르히호프 전압 법칙 실험 조건에서 키르히호프 법칙을 이용하여 각 전류를 계산하고 측정 결과와 비교, 검토하라.(저항은 실험에서 설정한 값을 이용한다.)

표 11.6 키르히호프의 전압 법칙(E_2 극성 반대)

전원[V]		가변 저항 설정 위치	저항[Ω]			전류[mA]			전압[V]				
E_1	E_2		R_1	R_2	R_3	I_1	I_2	I_3	E_1	E_2	V_1	V_2	V_3
6	-1.5	최대											
		임의 위치											

실험 12

테브난의 정리

1. 목적

1) 복잡한 회로 해석에 유용한 테브난 정리(Thevenin's theorem)의 적용 방법과 등가 회로를 구하는 방법에 관하여 익힌다.
2) 테브난 정리를 실험을 통하여 증명하고 이해한다.

2. 이론

테브난 정리(Thevenin's theorem)는 복잡한 선형 회로의 해석에 중첩의 정리와 더불어 매우 유용한 것으로, 직류 회로 및 교류 회로에 모두 적용된다. 본 실험은 직류 전압원에서 저항 소자만으로 구성된 회로의 해석에 대하여 다루기로 한다.

테브난 정리는 회로의 부분 해석에서 해석이 요구되는 부분을 제외한 회로의 나머지 부분을 단일 전압원과 단일 저항의 직렬 접속으로 등가시킨 간단한 회로로 변환하여 이용하는 것이다. 테브난의 정리를 요약하면 다음과 같다.

그림 12.1은 테브난 정리에 의해 능동 회로부[그림 12.1(a)]를 임의의 두 단자 a, b 외측에서 바라보면 단일 전압원에 단일 저항이 직렬로 접속된 등가 회로[그림 12.1(b)]로 대체할 수 있다는 것을 나타내고 있다.

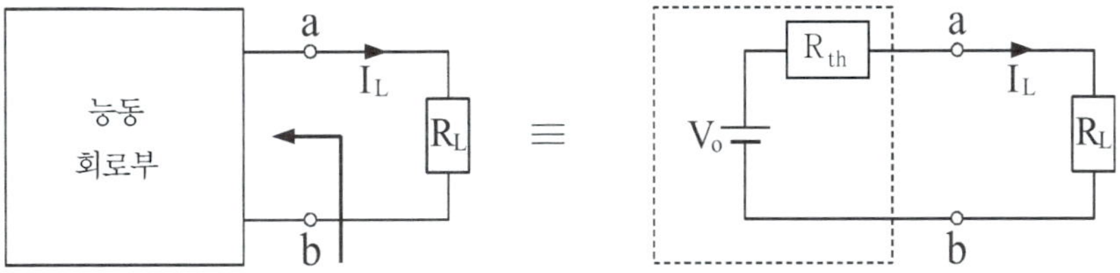

(a) 선형 회로 (b) 테브난의 등가 회로

그림 12.1 테브난의 정리

여기서 등가 전압원 V_o는 원 회로(능동 회로부)에서 두 단자 a, b를 개방하였을 때의 개방 전압 V_{ab}와 같고, 테브난 등가 저항은 원 회로 내의 모든 전원을 제거한 상태에서 두 단자 a, b에서 회로 측을 바라본 저항 $R_{ab}(R_{th})$와 같다.

따라서 그림 12.1(b)와 같이 등가 전압원 V_o와 등가 저항 R_{th}를 구하였다면, 가지 저항에 흐르는 가지 전류 I_L은 옴의 법칙에 의해 다음과 같이 간단히 구할 수 있다.

$$I_L = \frac{V_o}{R_{ab} + R_L} \tag{12.1}$$

(1) 테브난 정리에 의한 회로 해석 방법

위의 테브난 정리의 요약을 적용하여 그림 12.2(a)의 회로에서 등가 전압원 및 등가 저항을 구하는 방법에 대하여 알아보기로 한다.

① 등가 전압원 V_o는 그림 12.2(b)에서와 같이 가지 저항 R_L을 제거한 상태에서 두 단자 a, b 사이에 나타나는 개방 전압 V_{ab}를 구하면 된다. 따라서 V_o는 다음과 같이 된다.

$$\text{개방 전압 : } V_o(V_{ab}) = \frac{R_2}{R_1 + R_2} V \tag{12.2}$$

② 테브난 등가 저항 R_{th}는 그림 12.2(c)에서와 같이 원 회로 내의 모든 전원을 제거(단락)한 후, 두 단자 a, b에서 회로 측을 바라본 저항이다. 따라서 R_{th}는 다음과 같이 구할 수 있다.

$$\text{등가 저항 : } R_{th}(R_{ab}) = (R_1 // R_2) + R_3 = \frac{R_1 R_2}{R_1 + R_2} + R_3 \tag{12.3}$$

③ 위에서 구한 개방 전압 V_{ab}와 테브난 등가 저항 R_{th}를 두 단자 a, b 사이에 직렬로 연결하면 그림 12.2(d)와 같은 테브난 등가 회로가 구해진다. 따라서 저항 R_L에 흐르는 가지 전류 I_L은 다음과 같이 간단히 구할 수 있다.

$$\text{가지 전류 : } I_L = \frac{V_o}{R_{ab} + R_L} \tag{12.4}$$

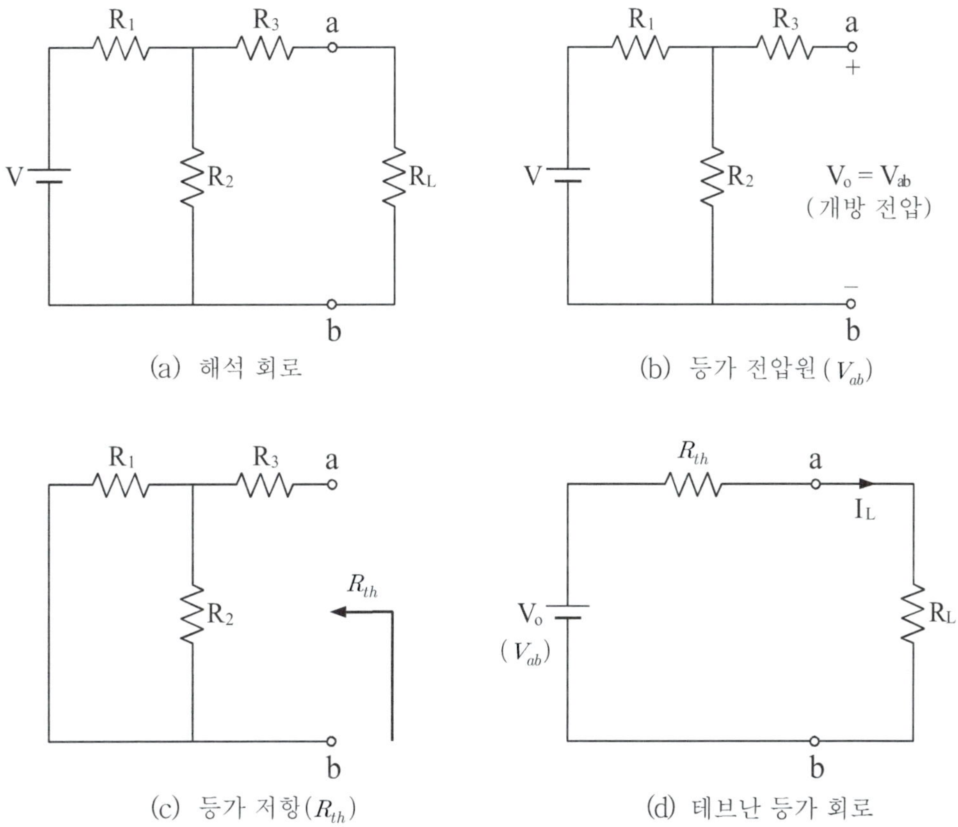

그림 12.2 **테브난 정리를 이용한 회로 해석 방법**

테브난 정리에 의한 회로 해석은 옴의 법칙 또는 키르히호프 법칙에 의한 회로 해석과 비교하면 어려운 것 같은 느낌이 들지만 위의 회로는 간단한 회로이기 때문이다.

그러나 폐회로가 많은 복잡한 회로에서 옴의 법칙 또는 키르히호프 법칙의 적용은 여러 번 반복하는 과정이 필요하게 되지만, 테브난 정리에 의한 회로 해석을 하게 되면 훨씬 효율적이 된다.

다음에는 좀 더 복잡한 브리지 회로에 대한 테브난 정리의 적용 방법에 대하여 알아본다.

(2) 테브난 정리에 의한 브리지 회로 해석 방법

그림 12.3(a)는 브리지 회로이다. 여기서 R_L의 저항에 흐르는 가지 전류 I_L을 구해 본다. 회로내의 한 지로에 흐르는 가지 전류를 구하는 것이므로 테브난 정리를 적용한다.

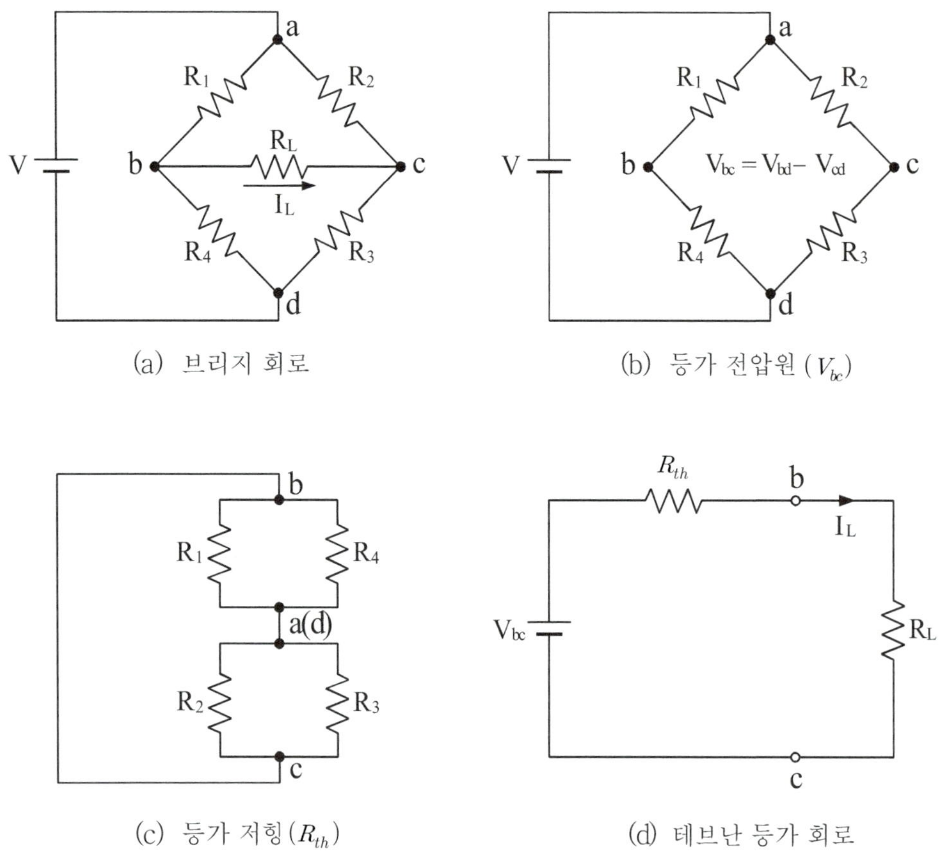

(a) 브리지 회로 (b) 등가 전압원 (V_{bc}) (c) 등가 저항 (R_{th}) (d) 테브난 등가 회로

그림 12.3 **브리지 회로의 해석**

(1) 등가 전압원은 그림 12.3(b)에서와 같이 저항 R_L을 제거한 상태에서 두 단자 b, c 사이에 나타나는 개방 전압 V_{bc}를 구한다. 여기서 V_{bc}는 다음의 관계가 있다.

$$V_{bc} = V_{bd} - V_{cd} \quad \begin{cases} V_{bd} = \dfrac{R_4}{R_1 + R_4} V \\ V_{cd} = \dfrac{R_3}{R_2 + R_3} V \end{cases} \tag{12.5}$$

$$\therefore \quad V_{bc} = \left(\frac{R_4}{R_1 + R_4} - \frac{R_3}{R_2 + R_3} \right) V \tag{12.6}$$

(2) 테브난 등가 저항 $R_{bc}(R_{th})$는 그림 12.3(c)에서와 같이 원 회로 내의 모든 전원을 제거(단락)한 후, 두 단자 b, c에서 회로 측을 바라본 저항이다. 따라서 R_{th}는 다음과 같이 구할 수 있다.

$$R_{th} = (R_1 // R_4) + (R_2 // R_3)$$

$$= \frac{R_1 R_4}{R_1 + R_4} + \frac{R_2 R_3}{R_2 + R_3} \tag{12.7}$$

(3) 위에서 구한 등가 전압원(개방 전압) V_{bc}와 테브난 등가 저항 R_{th}를 두 단자 b, c 사이에 직렬로 연결하면 그림 12.3(d)와 같은 테브난 등가 회로가 구해진다. 따라서 저항 R_L에 흐르는 가지 전류 I_L은 다음과 같이 된다.

$$I_L = \frac{V_{bc}}{R_{th} + R_L} \tag{12.8}$$

그림 12.3(a)의 브리지 회로는 저항 R_L에 가지 전류 I_L이 흐르는 불평형 브리지 회로와 전류가 흐르지 않는 평형 브리지 회로로 구분하고, 이들의 조건은 다음을 만족해야 한다.

$$\begin{cases} \text{불평형 브리지 회로 } (I \neq 0) \ : \ R_1 R_3 \neq R_2 R_4 \\ \text{평형 브리지 회로 } (I = 0) \ : \ R_1 R_3 = R_2 R_4 \end{cases}$$

3. 사용기기 및 재료

(1) 직류 전원 공급 장치 ………………………………………… 1대
(2) 직류 전압계(10/50[V]) ………………………………………… 1대
(3) 직류 전류계(10/50[mA]) ………………………………………… 1대
(4) 저항(100[Ω]) ………………………………………… 2개
(5) 저항(50[Ω], 200[Ω], 300[Ω], 500[Ω]) ………………………… 각 1개
(6) 회로 시험기 ………………………………………… 1대
(7) 만능 기판(bread board) ………………………………………… 1개
(8) 리드선 ………………………………………… 다수

4. 실험 방법

(실험 1 일반 회로)

(1) 그림 12.4와 같은 일반 회로가 있다. 단, 저항 R_1, R_2는 100[Ω], R_3는 200[Ω]이고, 가지 저항 R_L은 50[Ω]으로 한다.

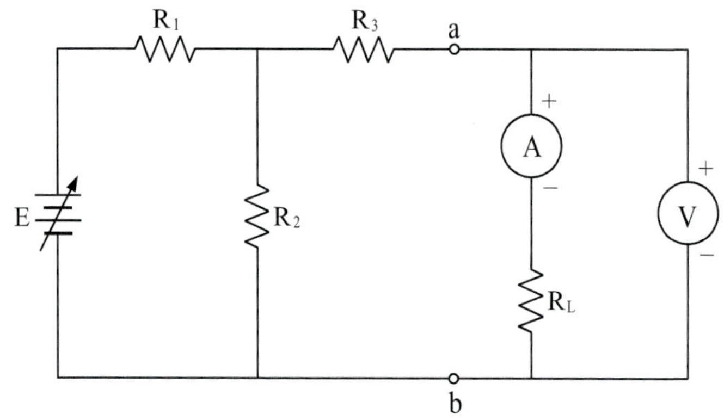

그림 12.4 **일반 회로의 테브난 정리 실험**

(2) 직류 전원 E는 3[V]로 하였을 때 테브난 정리에 의한 등가 전압(개방 전압) V_o와 테브난 등가 저항 R_{th}를 계산하고 표 12.1에 기록한다.

(3) 저항 R_L에 흐르는 가지 전류 I_L과 저항 R_L의 단자 전압 V_L을 구하고 표 12.1에 기록한다.

(4) 저항 R_L에서 소비되는 전력을 계산하여 표 12.1에 기록한다.

(5) 그림 12.4와 같이 회로를 결선한다. 단, 두 단자 a, b를 개방 상태로 한다.

(6) 직류 가변 전원 E는 3[V]로 조정한 후 회로 시험기를 이용하여 두 단자 a, b 사이의 개방 전압을 측정하여 표 12.1에 기록한다. 여기서 개방 전압 V_{ab}는 테브난 정리에서의 등가 전압 V_o가 된다.

(7) 직류 가변 전원을 0으로 하고 전원을 끈 다음, 전원 장치를 제거하여 전원의 연결 리드선을 단락시킨다.

(8) 회로 시험기를 이용하여 두 단자 a, b 사이의 저항을 측정하여 표 12.1에 기록한다. 여기서 측정한 저항 R_{ab}는 테브난 등가 저항 R_{th}가 된다.

(9) 리드선으로 단락시켰던 전원부에 다시 전원 장치를 접속한 후 전원 전압 3[V]로 조정한다. 또 두 단자 a, b의 부하측을 그림 12.4와 같이 접속한다.

(10) 저항 R_L에 흐르는 가지 전류 I_L과 저항 R_L의 단자 전압 V_L을 측정하고, 실험 결과로부터 저항 R_L에서 소비되는 전력도 계산하여 표 12.1에 기록한다.

(11) 표 12.1의 값을 이용하여 그림 12.4 회로의 테브난 등가 회로를 계산값과 측정값에 대하여 각각 그린다.

표 12.1 일반 회로의 테브난 등가 회로 실험

	등가 전압 V_o[V]	등가 저항 R_{th}[Ω]	가지 전류 I_L[mA]	단자 전압 V_L[V]	소비 전력 P[mW]
이론값					
측정값					

(실험 2 브리지 회로)

(12) 그림 12.5와 같은 불평형 브리지 회로가 있다. 단, 저항 R_1은 100[Ω] R_2, R_3는 300[Ω], R_4는 500[Ω]이고, 가지 저항 R_L은 100[Ω]으로 한다.

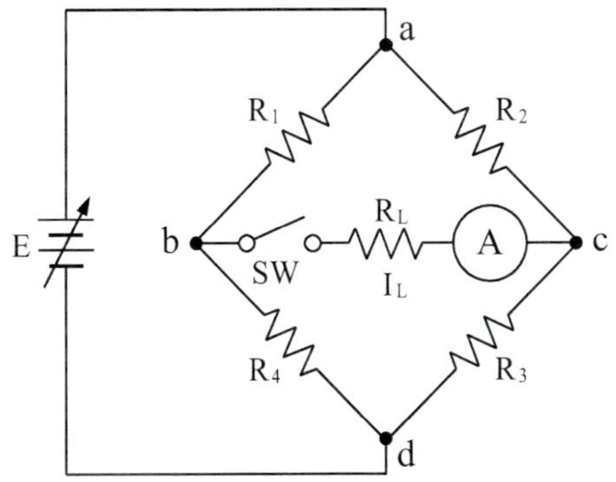

그림 12.5 브리지 회로의 테브난 정리 실험

(13) 직류 전원 E는 12[V]로 하고, 전류계와 스위치가 없는 상태(R_L만 접속된 상태)의 회로에 대하여 테브난 정리에 의한 등가 전압 $V_o = V_{bc}$와 등가 저항 $R_{bc}(R_{th})$를 계산하고 표 12.2에 기록한다.

(14) 두 단자 b와 c 중 높은 전위의 단자와 전류의 방향을 표 12.2에 기록한다.

(15) 두 단자 b와 c 사이의 저항 R_L에 흐르는 가지 전류 I_L과 저항 R_L의 단자 전압 V_L을 구하고, 표 12.2에 기록한다.

(16) 저항 R_L에서 소비되는 전력을 계산하여 표 12.2에 기록한다.

(17) 그림 12.5와 같이 회로를 결선한다. 단, 단자 b, c를 개방 상태로 한다.

(18) 직류 가변 전원 E는 12[V]로 조정한 후 스위치를 연 상태에서 회로 시험기를 이용하여 두 단자 b, c 사이의 개방 전압을 측정하고, 표 12.2에 기록한다.
개방 전압 V_{bc}는 테브난 정리에서의 등가 전압 V_o가 된다.

(19) 가지 저항을 개방한 상태에서 회로 시험기의 리드 단자 접속에 의해 바늘의 움직임으로 두 단자 b와 c 중 높은 전위의 단자를 확인하여 표 12.2에 기록한다.

(20) 직류 가변 전원을 0으로 하고 전원을 끈 다음, 전원 장치를 제거하여 전원의 연결 리드선을 단락시킨다.

(21) 회로 시험기를 이용하여 두 단자 b, c 사이의 저항을 측정하여 표 12.2에 기록한다.
여기서 측정한 저항 R_{bc}는 테브난 등가 저항 R_{th}가 된다.

(22) 리드선으로 단락시켰던 전원부에 다시 전원 장치를 접속한 후 스위치를 닫고 전원 전압 12[V]로 조정한다.

(23) 저항 R_L에 흐르는 가지 전류 I_L과 저항 R_L의 단자 전압 V_L을 측정하고, 실험 결과로부터 저항 R_L에서 소비되는 전력도 계산하여 표 12.2에 기록한다. 또 두 단자 b, c 사이에서 전류가 흐르는 방향도 기록한다.

표 12.2 브리지 회로의 테브난 등가 회로 실험

	등가 전압 V_o [V]	등가 저항 R_{th} [Ω]	가지 전류 I_L [mA]	단자 전압 V_L [V]	고전위점	전류 방향	소비 전력 P [mW]
이론값							
측정값							

(24) 표 12.2의 값을 이용하여 그림 12.5 회로의 테브난 등가 회로를 계산값과 측정값에 대하여 각각 그린다.

5. 고찰 및 평가

(1) 그림 12.5의 브리지 회로에 전원 전압은 24[V]를 인가한다. 이 때 가지 저항 $R_L = 3[\Omega]$에 흐르는 가지 전류와 이 저항 R_L에 걸리는 전압을 각각 구하라.

① 저항 $R_1 = 1[\Omega]$, $R_2 = 2[\Omega]$, $R_3 = 6[\Omega]$, $R_4 = 3[\Omega]$으로 하는 경우

② 저항 $R_1 = R_3 = 1[\Omega]$, $R_2 = R_4 = 2[\Omega]$으로 하는 경우
(계산 과정과 결과에서 구한 등가 전압, 등가 저항 및 가지 저항 R_L로부터 테브난 등가 회로로 변환하여 그려본다.)

실험 13

노튼의 정리

1. 목적

1) 복잡한 회로 해석에 유용한 노튼의 정리(Norton's theorem)의 적용 방법과 등가 회로를 구하는 방법에 관하여 익힌다.
2) 노튼의 정리를 실험을 통하여 증명하고 이해한다.

2. 이론

노튼의 정리(Norton's theorem)는 복잡한 선형 회로의 해석에 테브난의 정리와 더불어 매우 유용한 것으로 직류 회로 및 교류 회로에 모두 적용된다. 본 실험은 직류 전원에서 저항 소자만으로 구성된 회로의 해석에 대하여 다루기로 한다.

회로의 부분 해석에 있어서 테브난 정리는 단일 전압원에 단일 저항을 직렬로 접속한 등가 회로로 복잡한 회로를 단순화하지만, 노튼 정리는 단일 전류원에 단일 저항을 병렬로 접속한 등가 회로로 변환하여 해석을 간략화한다.

그림 13.1은 노튼 정리에 의해 능동 회로부[그림 13.1(a)]를 임의의 두 단자 a, b 외측에서 바라보면 단일 전류원에 단일 저항이 병렬로 접속된 등가 회로[그림 13.1(b)]로 대체할 수 있는 것을 나타내고 있다.

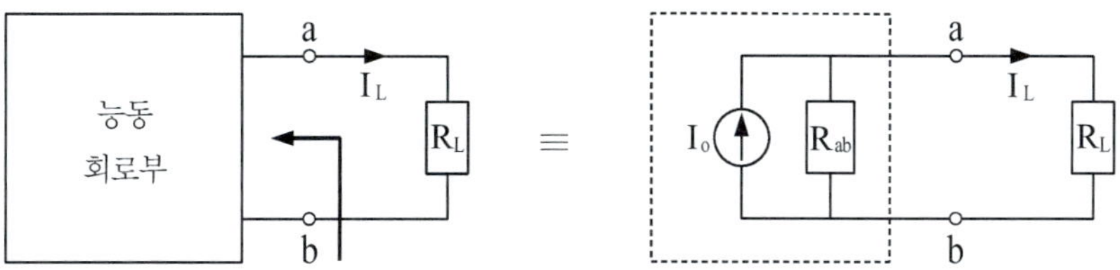

(a) 선형 회로 (b) 노튼의 등가 회로

그림 13.1 노튼의 정리

여기서 등가 전류원 I_o는 원 회로(능동 회로부)에서 두 단자 a, b를 단락하였을 때 흐르는 단락 전류 I_s와 같고, 등가 저항은 테브난 정리에서와 마찬가지로 원 회로 내의 모든 전원을 제거한 상태에서 두 단자 a, b에서 회로 측을 바라본 저항 R_{ab}와 같다.

따라서 그림 13.1(b)와 같이 등가 전류원 I_o와 등가 저항 R_{ab}를 구하였다면, 부하 저항에 흐르는 전류 I_L은 다음과 같이 간단히 구할 수 있다.

$$I_L = \frac{R_{ab} I_o}{R_{ab} + R_L} \tag{13.1}$$

위의 노튼 정리의 요약을 적용하여 그림 13.2(a)의 회로에서 등가 전류원 및 등가 저항을 구하는 과정과 방법에 대하여 알아보기로 한다.

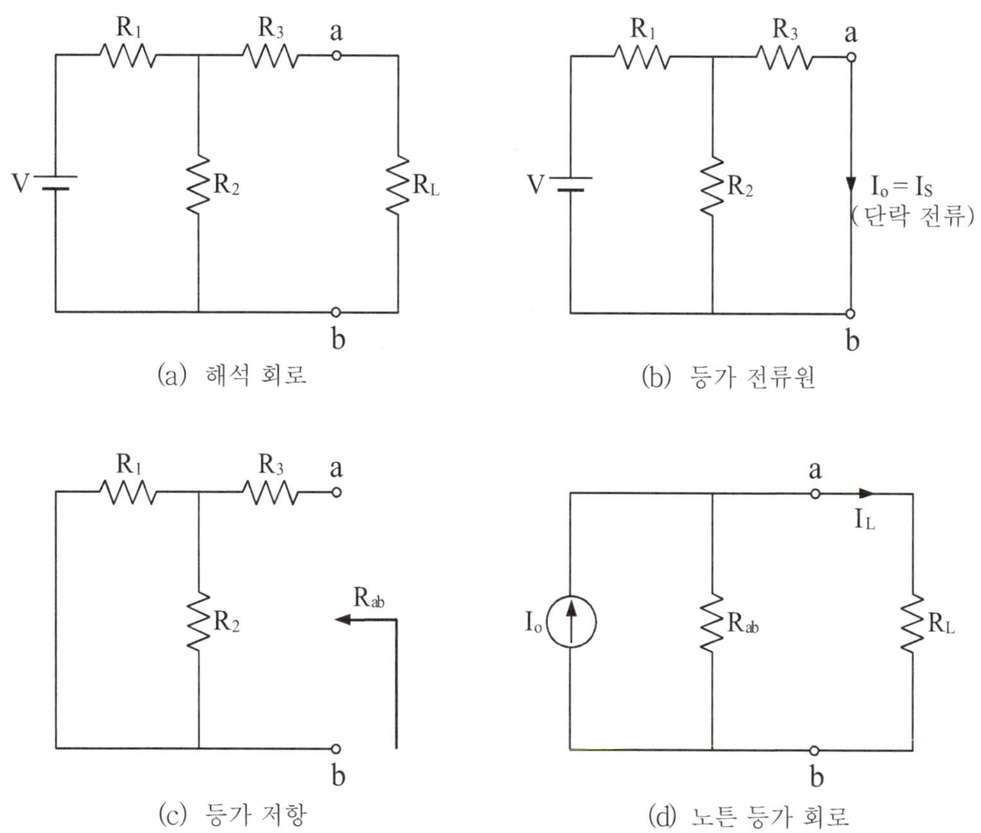

그림 13.2 노튼 정리를 이용한 회로 해석 방법

(1) 등가 전류원 I_o는 그림 13.2(b)에서와 같이 저항 R_L을 제거한 상태에서 두 단자 a, b 사이를 단락하여 단락 전류 I_s를 구하면 된다. 따라서 $I_o\,(I_s)$는 다음과 같이 된다.

$$I_o\,(=I_S)=\frac{(R_2//R_3)V}{R_1+(R_2//R_3)}\cdot\frac{1}{R_3}$$

$$=\frac{R_2 V}{R_1R_2+R_2R_3+R_3R_1} \tag{13.2}$$

(2) 등가 저항 R_{ab}는 그림 13.2(c)에서와 같이 원 회로 내의 모든 전원을 제거(단락)한 후, 두 단자 a, b에서 회로 측을 바라본 저항이다. 따라서 R_{ab}는 다음과 같다. 등가 저항을 구하는 방법은 테브난 정리에서와 같다.

$$R_{ab}=(R_1//R_2)+R_3=\frac{R_1R_2}{R_1+R_2}+R_3 \tag{13.3}$$

(3) 위에서 구한 등가 전류원과 등가 저항을 두 단자 a, b 사이에 병렬로 연결하면 그림 13.2(d)와 같은 노튼 등가 회로가 구해진다. 따라서 저항 R_L에 흐르는 가지 전류 I_L은 다음과 같이 간단히 구할 수 있다.

$$I_L=\frac{R_{ab}}{R_{ab}+R_L}\cdot I_o \tag{13.4}$$

테브난 등가 회로를 가지고 노튼의 등가 회로로 변환하여 전압원과 전류원, 직렬 저항과 병렬 저항의 상호 관계를 알아본다.

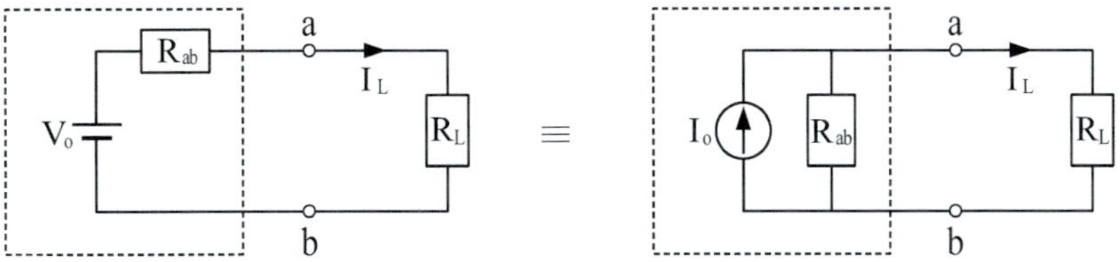

(a) 테브난의 등가 회로 (b) 노튼의 등가 회로

그림 13.3 테브난 등가 회로의 노튼 등가 회로로의 변환

그림 13.3(a)는 능동 회로망을 전압원과 저항이 직렬로 접속된 테브난 등가 회로로 대치한 것이다. 또한 이 테브난 등가 회로는 노튼의 정리에 의해 하나의 전류원과 하나의 저항이 병렬로 접속된 등가 회로로 그림 13.3(b)와 같이 바꿀 수 있다.

따라서 전류원 I_o는 테브난 등가 회로의 전압원 V_o를 직렬 접속 저항 R_{ab}로 나눈 값과 같고, 전류원의 병렬 저항은 테브난 등가 회로의 직렬 저항과 같게 된다.

테브난 등가 회로의 노튼 등가 회로로의 변환에 의한 그림 13.3(a), (b)의 두 등가 회로에서 표 13.1과 같은 상호 관계가 성립한다.

표 13.1 테브난과 노튼 등가 회로의 상호 관계

테브난 정리		노튼 정리		상호 관계
등가 전압원	V_o	등가 전류원	I_o	$I_o = \dfrac{V_o}{R_{ab}}$
직렬 저항	R_{ab}	병렬 저항	R_{ab}	등가 저항은 서로 동일

노튼 정리는 부하 저항에 전달되는 전압, 전류, 전력 등을 간단히 구할 수 있으며, 부하 저항의 가장 적합한 값을 선택할 때에도 편리하게 이용할 수 있다.

3. 사용기기 및 재료

(1) 직류 전원 공급 장치 ······ 1대
(2) 직류 전압계(10/50 [V]) ······ 1대
(3) 직류 전류계(10/50 [mA]) ······ 1대
(4) 저항(50 [Ω], 100 [Ω], 300 [Ω]) ······ 각 1개
(5) 저항(200 [Ω]) ······ 2개
(6) 회로 시험기 ······ 1대
(7) 만능 기판(bread board) ······ 1개
(8) 리드선 ······ 다수

4. 실험 방법

(1) 그림 13.4와 같이 회로를 결선한다. 단, 저항 R_1, R_2는 200 [Ω], R_3는 100 [Ω], R_4는 300 [Ω]이고, 가지 저항 R_L은 50 [Ω]으로 한다.

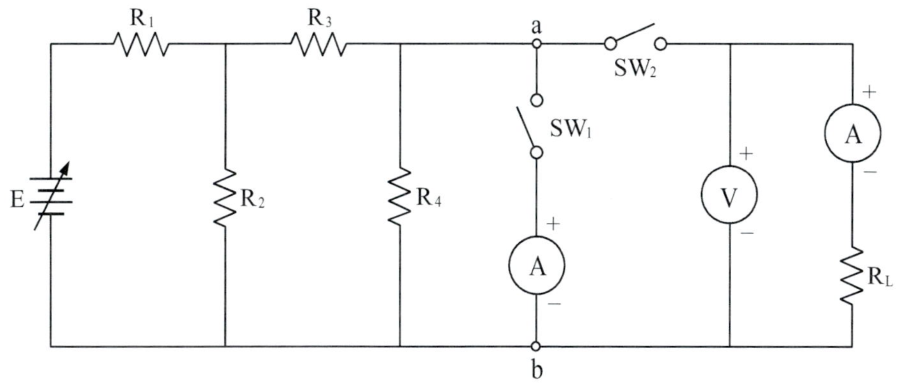

그림 13.4 **노튼의 정리 실험**

(2) 직류 가변 전원 E를 6 [V]로 조정한 후 스위치 SW_1만을 닫고, 단락 전류 I_s를 측정하여 표 13.2에 기록한다. 여기서 단락 전류 I_s는 노튼 정리에서 등가 전류 I_o가 된다. 측정 후 스위치 SW_1을 열어 놓는다.

(3) 직류 가변 전원을 0 으로 하고 전원을 끈 다음, 전원 장치를 제거하여 전원의 연결 리드선을 단락시킨다.

(4) 회로 시험기를 이용하여 두 단자 a, b 사이의 저항을 측정하여 표 13.2에 기록한다. 여기서 측정한 저항 R_{ab}는 노튼 정리에서의 등가 저항이 된다.

(5) 리드선으로 단락시켰던 전원부에 다시 전원 장치를 접속한 후 전원 전압 6 [V]로 조정한다.

(6) 스위치 SW_1을 열어 놓은 상태에서 스위치 SW_2를 닫고, 저항 R_L에 흐르는 가지 전류 I_L과 R_L의 단자 전압 V_L을 측정한다. 또 실험 결과로부터 저항 R_L에서 소비되는 전력도 계산하여 표 13.2에 기록한다.

(7) 그림 13.4 회로의 실험 조건과 동일한 상태에서 전압계와 전류계의 위치를 단락시키고, 스위치 SW_2만을 닫은 회로에서 노튼 정리에 의한 등가 전류 I_o와 등가 저항 R_{ab}를 계산하고 표 13.2에 기록한다.

(8) 저항 R_L에 흐르는 가지 전류 I_L과 저항 R_L의 단자 전압 V_L을 구하고 표 13.2에 기록한다.

(9) 저항 R_L에서 소비되는 전력을 계산하여 표 13.2에 기록한다.

표 13.2 노튼 등가 회로 실험

	등가 전류 I_o[mA]	등가 저항 R_{ab}[Ω]	부하 전류 I_L[mA]	부하 전압 V_L[V]	소비 전력 P[mW]
이론값					
측정값					

(10) 측정값과 계산값을 비교하여 고찰하고, 표 13.2의 값을 이용하여 그림 13.4 회로의 노튼 등가 회로를 그린다.

5. 고찰 및 평가

(1) 표 13.1의 테브난과 노튼의 등가회로 상호 관계를 적용하여 실험 방법 (10)항에서 구한 노튼의 등가 회로를 테브난 등가 회로로 대치하여 그려라.

(2) 그림 13.5의 회로에서 전원 전압 E는 5[V], 저항 R_1, R_2는 500[Ω], R_3는 100[Ω]이다. 다음에 대하여 답하라.

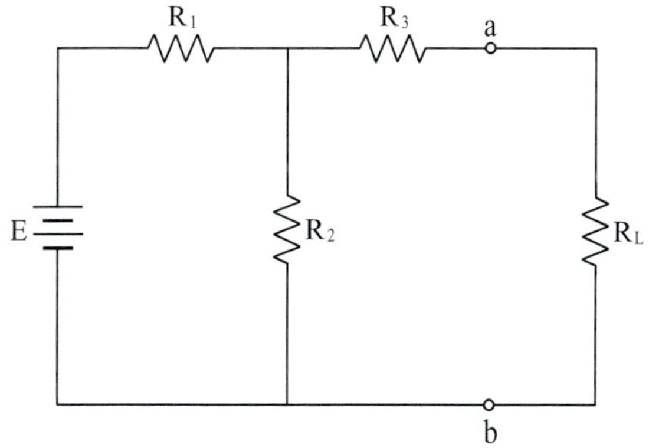

그림 13.5 **회로 해석**

① 두 단자 a, b에서 전원 측에 대한 테브난 등가 회로와 노튼 등가 회로를 그려라.

② 부하 저항 R_L이 50 [Ω]일 때, 테브난 정리와 노튼 정리에 의해 부하 전류를 각각 구하라.

$$\begin{cases} \text{테브난 정리에 의한 부하 전류 :} \qquad\qquad\qquad [\text{mA}] \\ \text{노튼 정리에 의한 부하 전류 :} \qquad\qquad\qquad [\text{mA}] \end{cases}$$

③ 부하 저항 R_L이 50 [Ω]일 때, 옴의 법칙에 의한 방법에 대해서도 구하라.

실험 14

전력과 최대 전력 전달

1. 목적

1) 직류 전원으로부터 전력을 측정하는 방법에 관하여 익힌다.
2) 부하에 최대 전력을 전달할 수 있는 조건을 실험을 통하여 확인한다.

2. 이론

(1) 직류 전원에 의한 전력 측정

전력은 단위 시간당 소비되는 일로 정의되며, 물리량으로는 일률과 같다. 즉 일률의 단위는 [J/s]이고, 이것을 전력의 단위인 와트[Watt, W]로 표현한다.

부하 저항 R에 소비되는 전력 P는 저항에 걸리는 전압 V와 저항에 흐르는 전류 I 사이에 옴의 법칙을 적용하면 다음의 관계식이 주어진다.

$$P = VI = I^2 R = \frac{V^2}{R} \tag{14.1}$$

여기서 전력 P는 와트[W], 전류 I는 암페어[A], 전압 V는 볼트[V], R은 옴[Ω]의 단위이다.

저항에서 소비되는 전력은 직접 전력계를 이용하면 간단히 측정할 수 있지만, 본 장에서는 전압계, 전류계 및 회로 시험기를 사용하여 식 (14.1)에서와 같이 전압, 전류 및 저항을 측정하여 구하는 방법에 대해 설명한다.

만약 임의의 회로에서 부하 저항에 전압 강하가 10[V]이고, 전류가 0.25[A] 흐른다면 소비 전력 P는 다음과 같이 구할 수 있다.

$$P = VI = 10 \times 0.25 = 2.5[\text{W}]$$

이 회로에서 부하 저항은 옴의 법칙에 의해 40[Ω]이 된다. 따라서 전압과 전류 중 한 가지만 측정하여 알게 되면 식 (14.1)에 의해 소비 전력을 구할 수 있다.

(2) 최대 전력 전달

그림 14.1과 같이 능동 회로부를 포함한 임의의 회로에서 부하에 최대의 전력을 전달하기 위한 조건에 대해 알아본다.

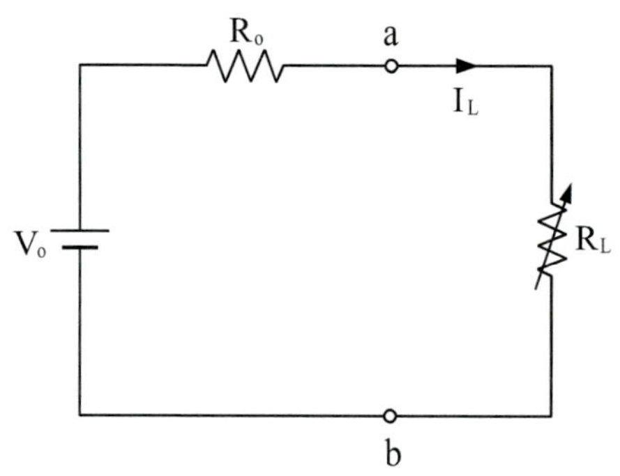

그림 14.1 **최대 전력 전달 회로**

그림 14.1의 회로에서 전원 전압이 V_o, 전원 측의 내부 저항이 R_o일 때, 부하 저항 R_L에 흐르는 전류 I_L은 다음과 같다.

$$I_L = \frac{V_o}{R_o + R_L} \tag{14.2}$$

따라서 부하 저항 R_L에서의 부하 전력 P는 식 (14.1)과 식 (14.2)에 의해

$$P = {I_L}^2 R_L = \frac{{V_o}^2 R_L}{(R_o + R_L)^2} \tag{14.3}$$

이 된다. 여기서 부하 저항 R_L을 변화시켜 전력이 최대로 되는 조건은 식 (14.3)의 $R_L/(R_o + R_L)^2$가 최대로 되는 조건을 구하면 된다.

즉, $R_L/(R_o + R_L)^2$은 $R_L = 0,\ \infty$ 일 때 각각 0이 되므로 극대값을 갖게 되어 이 식을 R_L에

대해 미분하여 그 결과를 0으로 놓으면 구할 수 있다. 따라서 다음과 같은 최대 전력 전달 조건이 얻어진다.

$$\frac{d\left\{\dfrac{R_L}{(R_o+R_L)^2}\right\}}{dR_L} = \frac{R_o - R_L}{(R_o+R_L)^3} = 0$$

$$\therefore \quad R_o = R_L \tag{14.4}$$

즉, 부하 저항과 내부 저항이 같을 때, 부하는 전원으로부터 최대 전력을 공급받게 된다. 이 때 부하의 최대 전력 $P_{\max}$는 식 (14.3)으로부터 다음과 같다.

$$P_{\max} = \frac{{V_o}^2}{4R_o} \tag{14.5}$$

부하에서 최대 전력을 공급받게 되면 전원부 자체에서 소비되는 전력도 마찬가지가 되어 최대 전력 전송 시의 전송 효율은 50[%]가 된다.

그림 14.2는 부하 저항 R_L의 변화에 따른 부하 전력 P의 변화를 나타낸다.

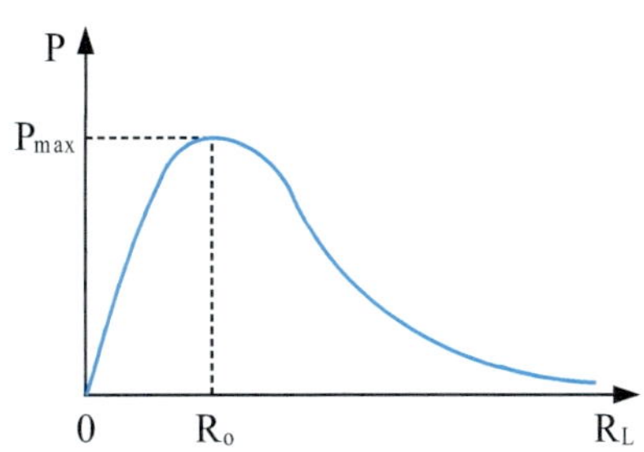

그림 14.2 R_L에 따른 부하 전력의 변화

일반적으로 부하 저항이 연결된 능동 회로망은 등가 전압원과 등가 저항이 직렬로 접속된 테브난 등가 회로로 바꿀 수 있기 때문에 등가 저항과 같은 부하 저항의 값을 조절하면 부하에 최대 전력을 공급할 수 있다.

또한 전원과 부하가 고정되어 있을 때 그 사이에 적당한 회로망을 삽입하여 부하에 최대 전력이 공급될 수 있도록 회로의 내부 임피던스와 외부 임피던스와 일치시키는 것을 임피던스 정합이라 한다. 이것은 저전력을 취급하는 전자 및 통신 회로에 많이 이용된다.

3. 사용기기 및 재료

(1) 직류 전원 공급 장치 ········· 1대
(2) 직류 전압계(10/50[V]) ········· 1대
(3) 직류 전류계(10/50[mA]) ········· 1대
(4) 저항(500[Ω], 1[kΩ] ········· 각 1개
(5) 가변 저항(10[kΩ]) ········· 1개
(6) 회로 시험기 ········· 1대
(7) 만능 기판(bread board) ········· 1개
(8) 리드선 ········· 다수

4. 실험 방법

(직류 전력 실험)

(1) 그림 14.3과 같이 회로를 결선한다. 단, 저항 R은 500[Ω], R_L은 1[kΩ]으로 구성한다.

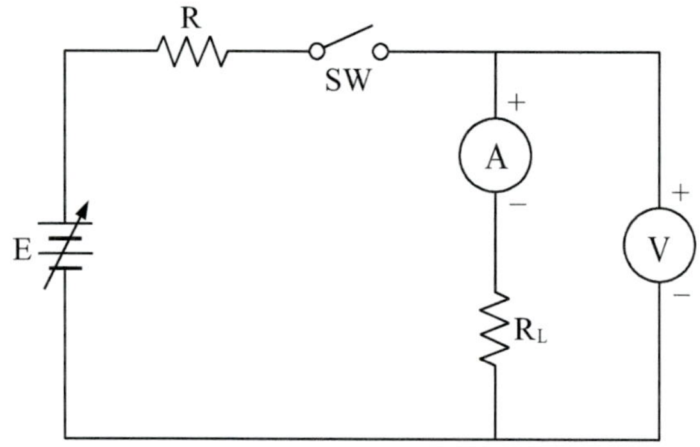

그림 14.3 **직류 전력 실험 회로**

(2) 전원 전압을 9[V]로 하였을 때 부하에 흐르는 전류 I_L과 부하에 걸리는 전압 V_L을 회로 해석에 의해 계산하고, 전력을 구하는 식 (14.1)를 모두 이용하여 부하에서 소비되는 전력 P를 각각 계산하여 표 14.1에 기록한다.

(3) 주어진 저항기의 저항값을 회로 시험기로 측정하여 표 14.1에 기록한다.

(4) 직류 가변 전원 E는 9[V]로 하고 스위치 SW를 닫은 후, 부하 저항 R_L에 걸리는 전압 V_L과 흐르는 전류 I_L을 측정하여 표 14.1에 기록한다.

(5) 전력을 구하는 세 가지의 식 (14.1)를 이용하여 측정값으로부터 부하에서 소비되는 전력 P를 각각 구하여 표 14.1에 기록한다.

표 14.1 직류 회로의 전력 측정 실험

	전원전압	저 항		부하 전류	부하 전압	관계식	소비 전력
	E[V]	$R[\Omega]$	R_L[kΩ]	I_L[mA]	V_L[V]	P	P[mW]
이론값	9	500	1			$V_L I_L$	
						$I_L^2 R_L$	
						V_L^2/R_L	
측정값						$V_L I_L$	
						$I_L^2 R_L$	
						V_L^2/R_L	

(최대 전력 전달 실험)

(6) 그림 14.4와 같이 회로를 결선한다. 단, 능동 회로부의 저항 R_o는 1[kΩ], 부하의 가변 저항 R_L은 10[kΩ]으로 구성한다.

(7) 가변 부하 저항 R_L을 0으로 하고 직류 가변 전원 V_o는 10[V]로 한 다음 스위치 SW를 닫는다. 이 때 부하 저항 R_L의 양단에 걸리는 전압 V_L을 측정하여 표 14.2에 기록한다. 측정 후 스위치 SW를 열어 놓는다.

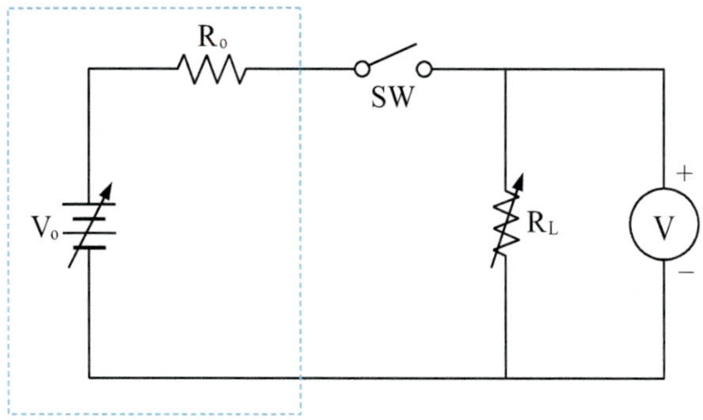

그림 14.4 **최대 전력 전달 실험 회로**

(8) 가변 부하 저항 R_L을 200 [Ω]으로 맞춘 다음 다시 스위치 SW를 닫고, 부하 저항 양단의 전압 V_L을 측정하여 표 14.2에 기록한다.

(9) 표 14.2의 부하 저항의 값을 가변시켜 맞추면서 실험 방법 (7), (8)항을 반복, 실험한다. 이 때 측정한 부하 양단 전압을 표 14.2에 기록한다.

(10) 실험 결과로부터 부하 저항 R_L에서의 부하 전류 I_L, 부하 전력 P와 회로 전체에서 소비되는 전력 P_t를 구하고, 또한 전송 효율 η도 다음의 계산식에 대입하여 계산한다. 이 계산값들을 표 14.2에 기록한다.

$$
\begin{cases}
\text{부하에서의 소비 전력} : P = \dfrac{{V_L}^2}{R_L} \\
\text{전체 회로에서의 소비 전력} : P_t = \dfrac{{V_o}^2}{(R_o + R_L)} \\
\text{전송 효율 [\%]} : \eta = \dfrac{P}{P_t} \times 100 \text{ [\%]}
\end{cases}
$$

(11) 실험 결과 표 14.2로부터 다음 사항들을 기록한다.

① 부하에 전류가 가장 많이 흐를 때의 저항값을 기록한다.

R_L : [Ω]

② 부하 양단에 전압이 가장 많이 걸리는 저항값을 기록한다.

R_L : [Ω]

③ 최대 전력 전달이 되는 부하 저항값을 기록한다.

R_L : [Ω]

④ 최대 전력 전달이 될 때 전송 효율을 기록한다.

η : [%]

(12) 그림 14.4의 실험 회로에서 최대 전력 전달이 되기 위한 부하 저항값 R_L의 조건과 이 때의 부하 전력 P를 식 (14.5)에 의해 계산하여 기록한다. 또한 측정값과 일치하는지 비교하고 일치하지 않는다면 이유를 설명한다.

$$\text{이론값} \begin{cases} R_L[\Omega] : \\ P[\text{mW}] : \end{cases}$$

(13) 표 14.2의 측정 결과를 이용하여 부하 저항 R_L의 변화에 따른 부하 전력 P의 변화를 그림 14.5에 그린다.

그림 14.5 부하 저항에 따른 부하 전력의 변화

표 14.2 **최대 전력 전달 측정 실험**($V_0 = 10$ [V], $R_0 = 1000$ [Ω])

부하저항 R_L[Ω]	$(R_o + R_L)$ [kΩ]	부하 전압 V_L[V]	부하 전류 I_L[mA]	부하 전력 P[mW]	회로 전력 P_t[mW]	전송 효율 η[%]
0						
200						
400						
600						
800						
900						
1000						
1100						
1200						
1500						
2000						
4000						
6000						
8000						
10000						

5. 고찰 및 평가

(1) 그림 14.1의 회로에서 최대 전력 전달 조건과 최대 전력의 관계식을 설명하라.

실험 15

오실로스코프와 신호발생기 사용법

1. 목적

1) 계측 및 분석 장치인 오실로스코프의 동작 원리를 이해하여 파형 관측, 전압, 위상, 주파수 등을 측정할 수 있는 능력을 개발한다.
2) 오실로스코프 동작을 위한 필수 장비인 신호 발생기의 동작법을 익힌다.

2. 이론

오실로스코프(Oscilloscope)는 눈으로 볼 수 없는 각종 전기 현상을 파형으로 변환시켜 눈으로 볼 수 있게 해 주는 장비로'전기의 진동(Oscillation)을 파형(Scope)으로 본다'에서 유래하고 있다.

오실로스코프는 물리 현상을 전압 또는 전류로 바꾸어 브라운관(CRT) 위에 파형으로 나타나게 하여 전압과 시간을 측정하는 계측 장비의 총칭을 말하며, 전기·전자 공학도는 물론 이 분야에 종사하는 사람들에게는 필수적인 장비이다.

(1) 오실로스코프의 기본 구성

1) CRT의 구성

오실로스코프는 여러 가지 전기 현상을 CRT의 형광면에 전자빔을 주사해서 빛나게 하여 눈으로 볼 수 있게 해 주는 것이다. 파형의 기본은 CRT 위에 광점을 만들고 전기적인 변화에 의해 그 교점이 움직이며, 광점이 빠른 속도로 움직이면 눈의 잔상 현상 때문에 움직이는 궤적은 선으로 보이게 되는 것이다.

이와 같이 광점을 만들고 그 광점의 궤적을 파형으로 표시하는 것은 CRT의 작용에 의한 것이다.

그림 15.1과 같이 CRT의 형광면에는 X, Y, Z 축의 좌표로 되어 있다.

X축은 시간을 나타내고, 오실로스코프 내부의 트리거 및 시간축 발생 회로에 의해 입력 신호와 동기를 취해 안정한 파형으로 표시한다. Y축은 전압의 크기를 나타내고 직선적으로 표시된다. 또한 Z축은 휘점을 비추는 강도(intensity)를 나타내는 휘도로 대응시키고 있다. 이와 같이 오실로스코프는 시간, 전압, 휘도의 3가지 요소를 조합하여 CRT 위에 파형을 표시하고 있다.

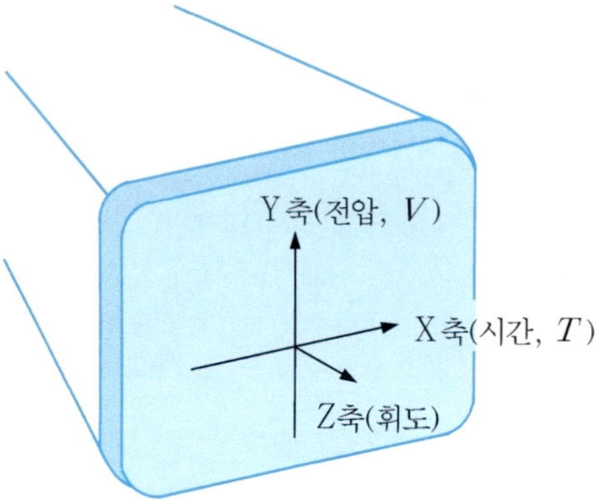

그림 15.1 **CRT의 3요소**

CRT는 일종의 진공관으로 그림 15.2의 CRT 구성과 같이 기본 구성은 전자총, 포커스부, 편향부, 형광면으로 이루어져 있다.

전자총은 열전자가 방사하는 캐소드가 있고 그 내부에 히터가 있다. 또한 제어 그리드인 전극과 캐소드 사이의 전압을 제어함으로써 휘도를 변화시킬 수 있다.

전자총에서 방사된 열전자는 제 1 애노드와 제 2 애노드에 집중하여 하나의 전자빔을 만들고 스크린 상에 점이 맺히도록 제어된다. 이것이 포커스부의 동작으로 광학 렌즈가 빛을 집중시키는 것과 같은 동작을 하므로 전자 렌즈라고도 한다.

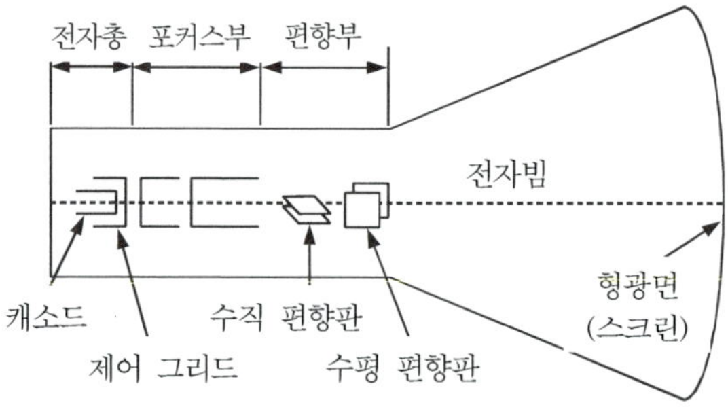

그림 15.2 **CRT의 구성**

파형의 전기 변화에 따라 전자빔을 움직이는 것을 편향이라 하고, 이 전자빔을 편향하는 방법은 자계를 이용하는 방법(전자 편향)과 전계를 이용하는 방법(정전 편향)의 두 종류가 있다.

TV 수상기는 편향 각도가 큰 전자 편향의 CRT가 사용되지만, 오실로스코프에서는 상당히 빠른 변화로 편향해야 하므로 정전 편향형의 CRT가 주로 사용되고 있다.

편향판은 수평(X축) 방향과 수직(Y축) 방향으로 두 쌍의 편향판이 있고 모두 전자빔을 중심으로 대향하는 두 매의 금속판 구조로 되어 있다. 이 금속판에 전압을 인가하여 전자빔의 변화를 조절하여 스크린에 부딪치게 하는 것이다.

편향 감도는 스크린 위에서 1[cm] 또는 1눈금의 빔 변화를 얻기 위해 편향판에 인가하는 전압을 의미한다.

형광면은 전자빔을 형광체에 충돌시켜 빛으로 변환시키는 부분이다. 형광체에는 여러 가지 종류가 있으며 용도에 따라 선택하여 사용하고 있다. 오실로스코프는 잔광 시간이 90[μs] 정도이고, 녹색 및 청록색의 발광색을 많이 사용한다.

2) 오실로스코프의 내부 구성

그림 15.3은 오실로스코프의 내부 구성도를 나타낸 것이고, 오실로스코프를 이해하려면 그 내부의 회로 구성도를 알면 쉬우므로 그 구성에 대해 간단히 설명한다.

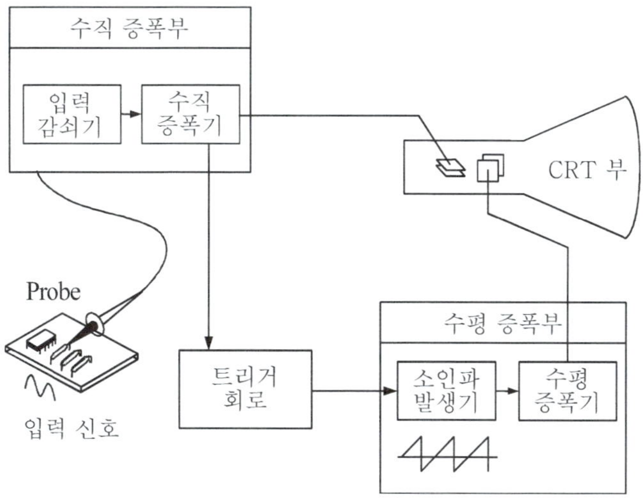

그림 15.3 **오실로스코프의 내부 구성도**

① 수직 증폭기

수직축 입력 단자에 입력된 신호는 보기 쉬운 파형의 크기로 하기 위해 입력 감쇠기를 거친다. 감쇠기를 거친 입력 신호는 최종의 증폭기를 거쳐 편향판에 이르고 CRT의 형광면에 수직축 진폭의 크기로 나타난다.

② 트리거 회로

입력 신호의 임의의 점에서 파형을 정지시켜 표시하기 위한 트리거 회로가 있다.

③ 수평 증폭기

트리거 회로를 거친 트리거 신호는 소인파 발생기(sweep generator)에 입력되어 소인을 위한 톱니파의 속도는 TIME/DIV 로터리 스위치로 전환할 수 있다.

톱니파는 수평 증폭기로 입력되고 CRT의 수평 편향판에 가해져 수평 방향으로 진폭이 변화하게 된다.

④ 교정 신호 발생기

오실로스코프의 수직축 감도의 교정용 신호 발생용으로 교정 신호 발생기 CAL이 있다. 이 회로는 다른 회로와 관계없이 독립적인 회로로 존재한다. CAL 신호는 1[kHz]의 구형파로 출력 전압은 첨두치 0.5[V]이다.

3) 오실로스코프의 단자기능

오실로스코프의 전면에 있는 조정단자들의 형태, 위치, 기능 등은 생산회사에 따라 약간 다르지만, 근본적인 기능은 거의 같다. 그림 15.4는 40[MHz]용 2현상 오실로스코프의 단자기능에 대해서 설명한다.

① POWER SWITCH ON / OFF

110～220 전원은 연결하는 AC INLET 단자이다.

② POWER LAMP

전원이 ON일 때 점등된다.

③ INTENSITY KNOB

시계 방향으로 돌려서 휘선 및 휘점의 밝기를 조정한다.

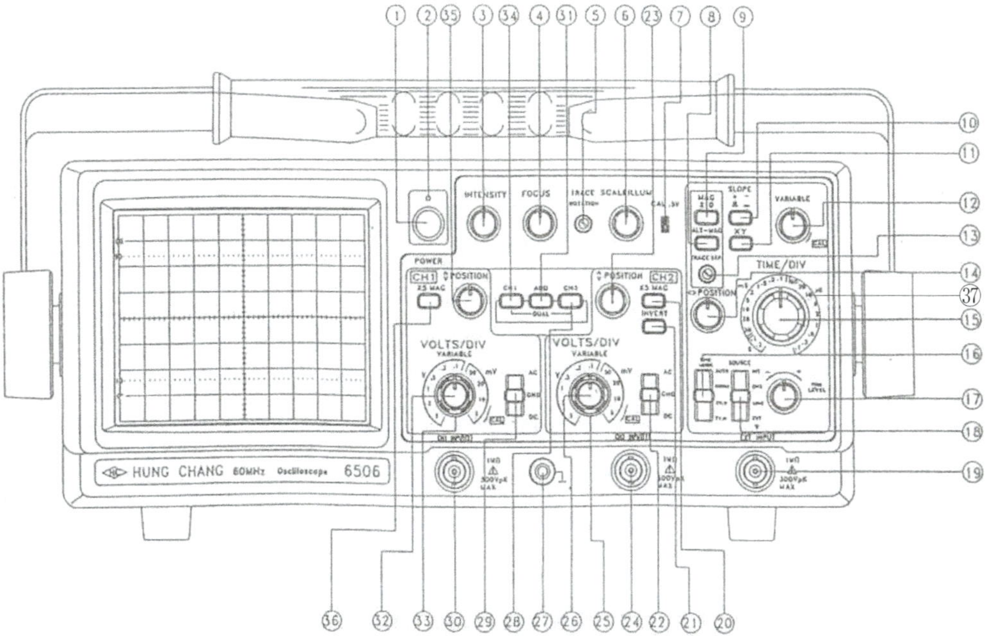

그림 15.4 **오실로스코프 구조**

④ FOCUS KNOB

CRT에 나타나는 파형을 선명하게 조정한다.

⑤ TRACE ROTATION VOLUME

수평 휘선이 지자기의 영향으로 수평눈금이 기울어지는 것을 보정하기 위한 것으로 드라이브로 조정한다.

⑥ SCALE ILLUM KNOB

CRT면의 눈금을 비추어 주어 눈금의 밝기를 조정한다. 시계 방향으로 돌리면 밝아지며 어두운 장소에서 사용할 때나 사진 촬영시 사용된다.

⑦ CAL 0.5V (교정) 단자

오실로스코프의 전압과 주기를 조정하는 교정용 단자로 구형파의 출력 단자이다. probe의 ⊕를 연결하여 고정한다.

⑧ ALT MAG KNOB

CH1, CH2에 인가된 입력 신호의 SWEEP을 ×1[NORM]과 ×10(MAG) (×5MAG)를 한 번 SWEEP할 때마다 전환해서 관면에 ×1의 파형과 ×10(5)의 파형을 동시에 관측할 수 있는 단자이다.

⑨ PUSH×10MAG (PUSH×5MAG)

수평방향으로 휘선을 확대할 수 있는 단자이다.

⑩ SLOPE KNOB

입력 신호가 정의 펄스인 경우에는 스위치를 (+), 부의 펄스인 경우 (−)로 한다. 손잡이를 +(−)에서 −(+)로 이동하면 형광면의 파형은 반전된다.

⑪ X-Y KNOB

channel I, channel II의 두 신호에 대한 위상차를 리사주 도형으로 보는 단자로 수직위치는 ㉓으로, 수평위치는 ⑭로 조절한다.

⑫ VARIABLE KNOB

소인시간(주기 T의 교정)을 설정하는 단자이다.

시계 방향으로 돌리면 CAL 위치의 교정치가 되고, 반시계 방향으로 돌리면 2.5배 이상 지연된다.

⑬ TRACE.SEP

⑧에 의해 확대된 파형×10(5)를 ×1파형의 약 2div 이상 가변된다.

⑭ POSITION KNOB

휘선을 좌우로 이동시킨다 (CH1, CH2 공통)

⑮ 교정시 0.5m^3를 맞추기 위해 오른쪽 끝까지 돌린다.

㊲ Time/DIV 절환스위치

소인시간을 설정하는 스위치로 SWEEP TIME 0.1 [μs/div] ~ 0.2 [s/div](20단)으로 전환할 수 있다.

⑯ TRIG MODE 절환 SWITCH

AUTO : 자동 동기 SWEEP이 되어 계속적으로 SWEEP한다. 동기 신호가 있을 때는 통상의 SWEEP으로 되고 파형은 정지하게 되지만 무신호 또는 동기가 맞지 않을 경우 자동적으로 휘선이 나타나며, 통상 이 MODE로 설정해 주면 편리하다.

NORM : 동기 SWEEP으로 되어 동기가 걸렸을 때만 SWEEP한다. 무신호 또는 동기가 맞지 않을 경우 휘선은 나타나지 않는다. 저주파 신호(25Hz)로 동기를 맞출 때도 사용한다.

TV-H : TRIG MODE가 TV로 설정할 때만 사용한다. (H 동기)

TV-V : TRIG MODE를 TV로 설정했을 때만 유효하고 TV 신호의 수직신호에 동기를 걸어서 관측할 때 사용한다.

⑰ TRIG LEVEL KNOB

TRIG LEVEL을 설정해서 파형의 어느 부분에서 SWEEP을 시작하느냐를 결정하는 단자이다.

⑱ SOURCE 절환 SWITCH

SWEEP 동기 신호원을 선택합니다.

INT : CH1 또는 CH2에 인가된 입력 신호가 동기신호원이 된다.

CH2 : CH2에 인가된 입력신호가 동기 신호원이 된다.

LINE : 전원주파수가 동기 신호원이 된다.

EXT : TRIG에 인가된 외부 동기신호가 동기신호로 된다.
수직축 신호와는 별개로 특정신호로 동기시킬 때 사용한다.

⑲ EXT INPUT CONNECTOR

SWEEP의 부동기신호용 입력단자이다.

⑳ ㊱ PUSH S/W ×5 MAG GAIN KNOB를 눌렀을 경우

수직축의 이득이 5배로 확대되고 최대감도는 1mV/DIV로 된다.

㉑ PUSH S/W INVERT KNOB

KNOB을 눌른 상태에로 CH2에 인가된 입력 신호의 극성이 반전된다. 극성이 다른 2개의 파형을 비교할 때나, ADD을 사용해서 CH1과 CH2의 차 신호 (CH1)-(CH2)의 파형 관측에 편리하다. 통상 관측 시에는 KNOB는 뺀 상태로 해준다.

㉒ ㉙ AC-GND-DC SWITCH

입력신호와 수직축 증폭기의 결합방식을 선택한다.

AC : 콘덴서를 통해 접속된다. 입력신호의 직류성분은 차단되고, 교류성분만이 표시된다.

GND : 수직축증폭기의 입력이 접지된다.

DC : 직접 접속된다. 입력 신호는 직류도 포함하여 그대로 표시된다.

㉓ ㉟POSITION

관면상의 휘선을 상하로 이동할 수 있는 단자이다.

㉔ CH2 INPUT CONNECTOR

CH1과 같지만 X-Y OSCILLOSCOPE로 사용할 때 이 단자로 입력된 신호는 Y축 신호로 된다.

㉔ ㉚

· ㉚은 CH1 INPUT CONNECTOR 단자로 수직입력용 CONNECTOR이다. 이 단자로 입력된 신호는 X-Y OSCILLOSCOPE로 사용할 때 X축 신호가 됨
· ㉔는 CH2 INPUT CONNECTOR 단자로 이 단자로 입력된 신호는 Y축 신호가 된다.

㉕ ㉝ VOLTS/DIV 절환 스위치

수직축 편향 감도를 절환하는 STEP 감쇄기이다. 입력신호의 크기에 따라 관측하기 쉬운 RANGE로 5[mV]~5[V] 사이를 10의 범위로 절환시킨다.

㉖ ㉜ VAR KNOB

소인시간의 미세조절기로서, 입력신호의 크기를 조정하는 단자로 시계 방향으로 돌리면 CAL 위치의 교정값이 되고, 반시계 방향으로 돌리면 2.5배 이상 지연된다.

㉗ GND 단자

접지용 단자이다.

㉘ ㉛ ㉞

MODE 절환 KNOB로 ㉘은 CH2에 가해진 신호만 화면에 나타나고 ㉛은 ADD로서 CH1과 CH2 동시에 동작시킨다. CH1, CH2의 입력신호의 대수합 및 차의 신호를 표시한다. 또한 ㉞는 가해진 신호만 화면에 나타낸다.

4) 프로브의 사용 방법

그림 15.5에 프로브의 각 구성을 나타내었다. 1 : 1, 1 : 10의 절환 스위치가 있고 좌우로 슬라이드하여 사용한다.

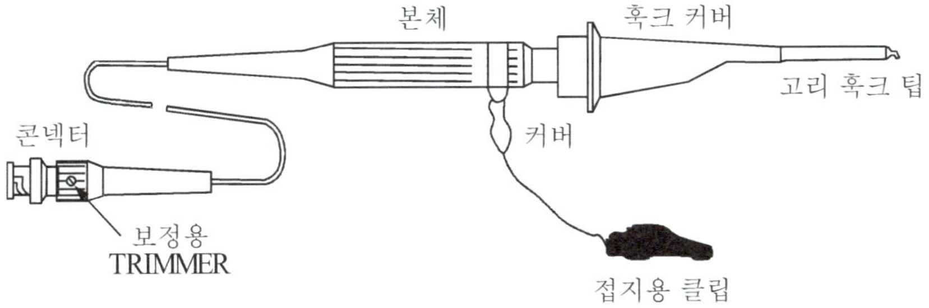

그림 15.5 **프로브의 구성**

1 : 10에서의 주파수 특성 보상용 트리머는 본체 쪽에 있고, 그림 15.5에서와 같이 작은 구멍에서 드라이버로 트리머를 돌려 맞춘다.

트리머를 보정하는 방법은 프로브 선단을 CAL 단자에 접속하고 1[kHz]의 구형파가 그림 15.6(a)와 같이 올바른 모양이 되도록 한다. 그림 15.6(b)는 보정이 부족한 상태의 파형이고, 그림 15.6(c)는 과보정을 나타낸 것이다.

또한 오실로스코프의 접지용은 흑색의 클립을 사용한다.

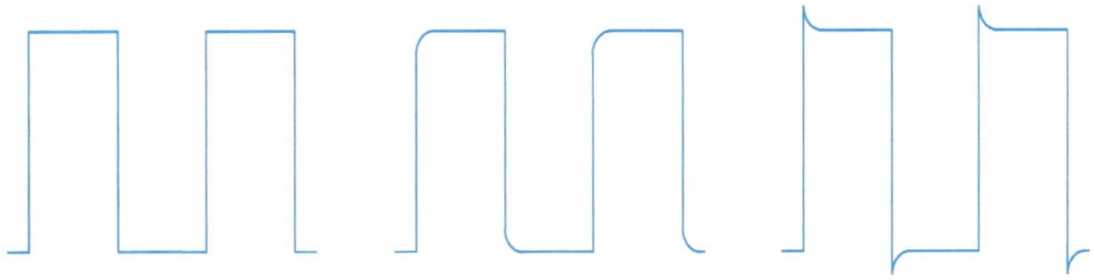

(a) 보정 적정　　(b) 보정 부족　　(c) 과보정

그림 15.6 **구형파에 의한 프로브의 보정**

(2) 오실로스코프에 의한 측정

POWER 스위치를 ON한 후 약 20~30초 지나서 INTENSITY 단자로 원하는 휘도를 조절하고, FOCUS로 휘선을 선명하게 조절한다. 그 다음 CH1의 POSITION 단자를 조정하여 CH1의 휘선을 CRT 화면 눈금의 수평 중앙 눈금에 일치시키면 측정할 수 있는 준비가 된 것이다.

1) 교류 전압 측정

입력 결합 선택기를 AC로 하여 일반적인 소인이 얻어지도록 각 조정기의 손잡이를 설정한 다음 파형이 측정되기 쉽도록 수직 감쇠기(VOLTS/DIV)와 소인 시간 선택기(SWEEP TIME/DIV)의 손잡이를 조정한다.

그 다음에 수직 위치 조정기(POSITION)로 측정하려고 하는 전압 파형의 하단을 수평 눈금선의 하나에 일치시키고 또한 파형이 CRT 상에서 최대가 되도록 수직 입력(VOLTS/DIV)을 조정한다.

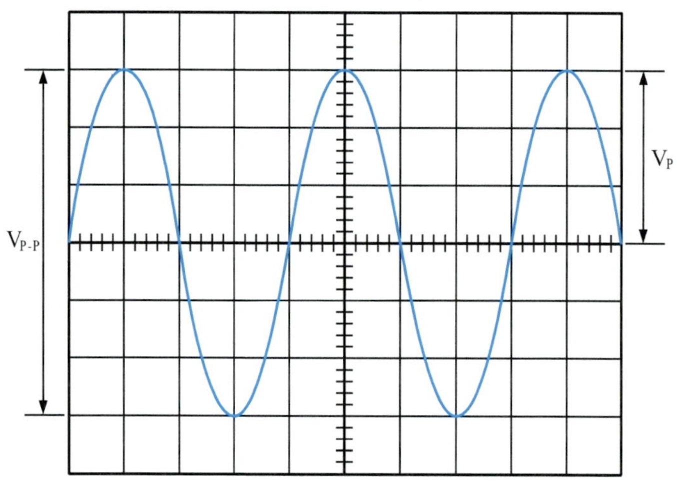

그림 15.7 **교류 전압 파형**

오실로스코프의 전압 측정은 그림 15.7에서와 같이 교류 파형의 최고값과 최저값의 폭, 즉 두 점간의 peak to peak로 나타내고 그 기호는 V_{P-P}로 표시하며 첨두 전압이라 한다.

1배의 프로브를 사용하여 측정하는 경우에 교류 전압의 V_{P-P}값은 다음과 같이 구한다.

$$첨두\ 전압(V_{P-P}) = \text{VOLTS/DIV} \times 파형의\ 높이(\text{DIV}) \times 프로브\ 감쇠비(1)$$

10배의 프로브를 사용하여 측정하는 경우에는 다음과 같이 구한다.

$$첨두\ 전압(V_{P-P}) = \text{VOLTS/DIV} \times 파형의\ 높이(\text{DIV}) \times 프로브\ 감쇠비(10)$$

첨두 전압, 최대 전압, 실효 전압과의 관계는 다음과 같다.

$$최대\ 전압(V_P) = \frac{V_{P-P}}{2}$$

$$실효\ 전압(V_{rms}) = \frac{V_{P-P}}{2\sqrt{2}} = \frac{V_P}{\sqrt{2}}$$

만약 수직 감쇠기(VOLTS/DIV)의 눈금이 0.5 [V/DIV]이고 그림 15.7과 같이 파형의 높이가 6 [DIV]일 때, 1배 프로브를 사용하였을 경우의 파형의 전압 V_{P-P}는

$$V_{P-P} = 0.5\ [\text{V/DIV}] \times 6\ [\text{DIV}] \times 1 = 3\ [\text{V}]$$

가 된다.

2) 직류 전압 측정

입력 신호를 수직 입력단에 접속한 다음 입력 결합 선택기를 GND로 하고 휘선은 임의의 위치에 기준을 맞춘다. 입력 신호의 극성이 (+)이면 CRT 화면상의 아래에서 1 DIV의 위치, 즉 0%로 표시된 곳에 맞추고, (−) 극성이면 100%로 표시된 곳에 1 DIV를 맞춘다. 그리고 나서 입력 결합 선택기를 DC로 전환시키고 측정한다.

이 때 소인은 기준점으로부터 상승 혹은 하강하게 되는데 변화한 높이의 폭이 직류 전압을 나타내며 파형을 갖지 않으므로 일직선으로 보이게 된다.

직류 전압을 오실로스코프 화면상에서 읽는 방법은 다음과 같다.

$$직류\ 전압(V_{dc}) = \text{VOLTS/DIV} \times 기준점에서의\ 높이(\text{DIV}) \times 프로브\ 감쇠비$$

만약 수직 감쇠기(VOLTS/DIV)의 눈금이 2 [V/DIV]이고 변화한 높이가 3 [DIV]일 때, 직류 전압 V_{dc}는 다음과 같다.

$$V_{dc} = 2\ [\mathrm{V/DIV}] \times 3\ [\mathrm{DIV}] \times 1 = 6\ [\mathrm{V}]\ (1\text{배 프로브 사용})$$

$$V_{dc} = 2\ [\mathrm{V/DIV}] \times 3\ [\mathrm{DIV}] \times 10 = 60\ [\mathrm{V}]\ (10\text{배 프로브 사용})$$

3) 주기 및 주파수 측정

오실로스코프는 전압을 시간적 변화에 대하여 표시하는 측정 장비로 시간축은 정확히 교정되어 있으므로 파형의 시간은 높은 정확도로 측정할 수 있다.

소인 시간 선택기(TIME/DIV)의 미세 조정기(VARIABLE)를 CAL 상태로 고정시킨 다음, 입력 신호를 수직 입력 단자에 접속하여 CRT의 화면상에 적절한 파형이 나오도록 수평 위치 조정기를 조절한다.

다음에 시간축의 시간을 정확히 측정하기 위하여 그림 15.8과 같이 CRT 화면상에 가능한 1주기의 파형이 보이도록 소인 시간 선택기를 조절하고, 수평 위치 조정기로 측정 파형의 시작점을 수평 눈금 좌측에서 1DIV에 맞춘다.

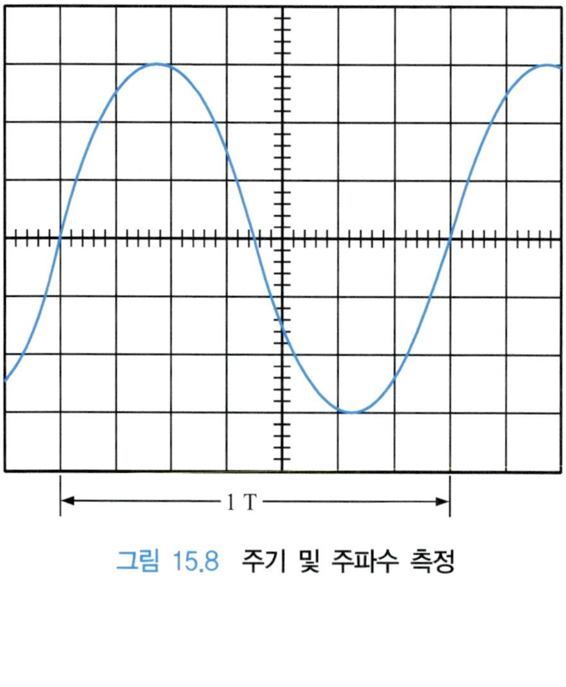

그림 15.8 **주기 및 주파수 측정**

신호 파형의 주기(T)를 구하는 방법은 다음과 같다.

$$\text{주기}(T) = \text{TIME/DIV} \times \text{한 주기의 수평 거리(DIV)} \times \text{수평 확대비의 역수}$$

그림 15.8에서 정현파의 한 주기의 수평 거리는 7[DIV]이다. 소인 시간(TIME/DIV)은 0.5[ms/DIV]이고 수평 확대비를 1로 하였을 때, 주기(T)의 계산은 다음과 같이 된다.

$$\text{주기}(T) = 0.5[\text{ms/DIV}] \times 7[\text{DIV}] \times 1 = 3.5\ [\text{ms}]$$

따라서 주파수는 주기의 역수 관계이므로

$$\text{주파수}(f) = \frac{1}{T} = \frac{1}{3.5[\text{ms}]} = \frac{1}{3.5 \times 10^{-3}[\text{s}]} = 285.7[\text{Hz}]$$

가 된다.

4) 두 신호의 시간차 측정

2 현상 이상의 오실로스코프가 있으면 동기 관계가 있는 두 신호의 시간차를 측정할 수 있다.

두 개의 신호를 CH1, CH2에 각각 접속하여 수직축 동작 모드를 DUAL로 하고 ALT나 CHOP 중 하나를 선택한다. 일반적으로 주파수가 높은 신호는 ALT, 낮은 경우에는 CHOP를 사용한다.

시간차를 측정하는 경우에 CRT 화면에 나타나는 파형은 그림 15.9와 같이 신호 진폭의 1/2 정도를 중앙 수평 눈금선에 맞춘다.

그 다음에 수평 위치 조정기로 빠른 신호의 입상 부분의 중앙을 CRT 화면상의 좌측에서 1 DIV에 맞춘다.

두 신호의 시간차는 두 개 신호의 수평 거리를 측정하여 다음 식으로 구한다.

$$\text{시간차}(T) = \text{TIME/DIV} \times \text{수평 거리(DIV)} \times \text{수평 확대비의 역수}$$

그림 15.9에서 수평 거리는 6[DIV]이며, 소인 시간이 50[μs/DIV]이고 수평 확대비가 1이라면 시간차는 다음과 같다.

$$시간차(T) = 50[\mu s/DIV] \times 6[DIV] \times 1 = 300\ [\mu s]$$

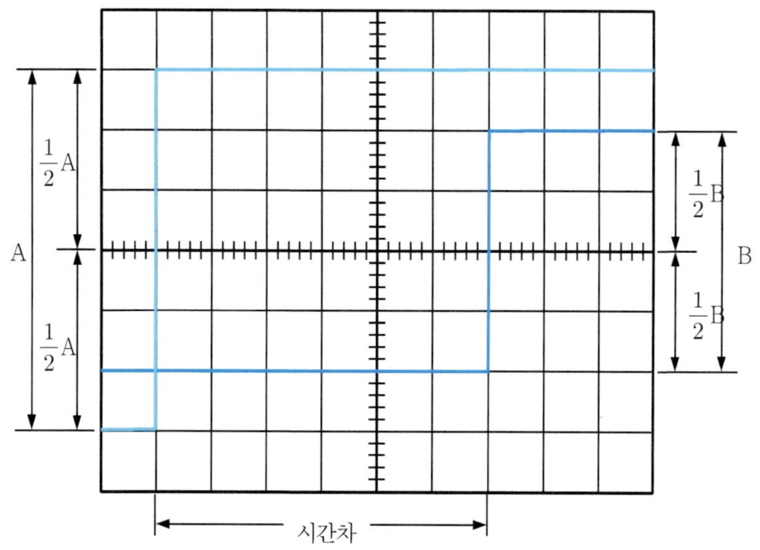

그림 15.9 두 신호의 시간차 측정

4) 두 신호의 위상차 측정

주파수가 같은 두 정현파 신호의 위상차는 2 현상 오실로스코프로 간단히 측정할 수 있다. 두 개의 신호를 CH1, CH2에 각각 접속하여 수직축 동작 모드를 DUAL로 하고 ALT나 CHOP 중 하나를 선택한다. 일반적으로 주파수가 높은 신호는 ALT, 낮은 경우에는 CHOP를 사용한다.

다음에 그림 15.10과 같이 위상이 빠른 신호를 기준 신호로 취하여 TRIGGER SOURCE 선택기로 한 주기가 시작하는 점을 좌측에서 1 DIV에 맞추고, 신호 진폭의 1/2되는 부분을 중앙 수평 눈금선에 맞춘다. 또 신호 파형의 한 주기가 8 DIV가 되도록 소인 시간 선택기(TIME/DIV)와 미세 조정기(VARIABLE)를 조정하여 맞춘다.

기준 신호에서 8 DIV인 한 주기는 360°이므로 1 DIV는 45°의 위상이 된다. 따라서 위상차 θ는 다음의 식으로 계산된다.

$$위상차(\theta) = 두\ 점\ 사이의\ 수평\ 거리[DIV] \times 45°[DIV]$$

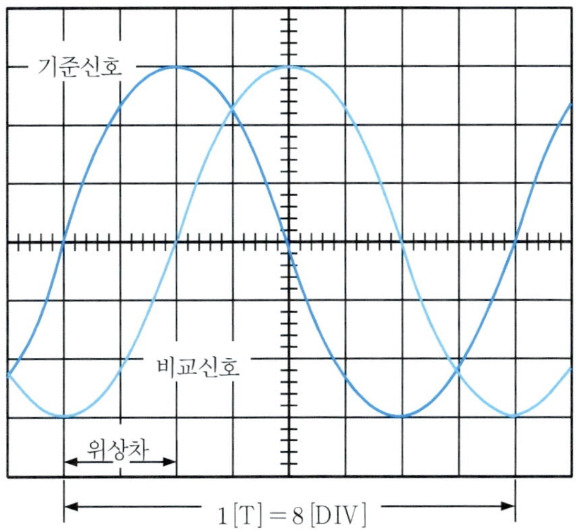

그림 15.10 **두 신호의 위상차 측정**

(3) 리사쥬 도형에 의한 측정

1) 리사쥬 도형에 의한 주파수 측정

리사쥬 도형(Lissajous figure)에 의한 방법은 입력 신호가 정현파일 경우에만 가능하고 수평 증폭부의 대역폭에 따라 주파수 2[MHz]까지 측정할 수 있다.

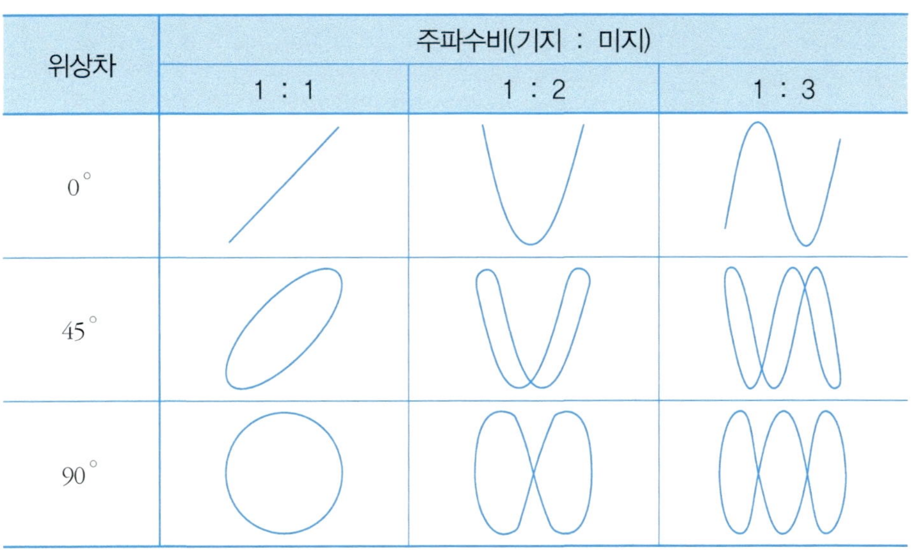

그림 15.11 **리사쥬 도형**

오실로스코프의 수직축 입력과 수평축 입력, 즉 X-Y 모드에서 동작하며, 한 쪽에는 미지 주파수의 신호, 다른 한 쪽에는 주파수를 알 수 있는 신호 발생기로부터 출력 신호를 입력시킨다. 신호 발생기의 주파수를 변화시켜 두 신호의 주파수의 비가 정수비가 되도록 하면 그림 15.11과 같이 두 신호 사이의 주파수 및 위상차에 따른 리사쥬 도형이 얻어진다.

이와 같은 리사쥬 도형에 의해 두 신호간의 주파수비 및 위상차를 구할 수 있다.

주파수가 다른 두 입력 신호의 주파수는 도형이 수직축에 접하는 교점수와 수평축에 접하는 교점수의 비에 반비례한다. 따라서 미지 신호의 주파수는 다음의 관계식으로부터 구할 수 있다.

$$\frac{\text{미지 주파수}\,(f_V)}{\text{기지 주파수}\,(f_H)} = \frac{\text{수평입력 주파수}}{\text{수직입력 주파수}} = \frac{\text{수직축과의 교점수}}{\text{수평축과의 교점수}}$$

2) 리사쥬 도형에 의한 위상차 측정

그림 15.12와 같은 리사쥬 도형이 오실로스코프에 나타났을 때 위상차를 구하는 방법에 대하여 알아본다.

리사쥬 도형이 나타내는 두 입력 신호의 위상차는 도형의 경사도에 의해 표시되며, 그림 15.12에서와 같은 도형상의 A, B에 대해 다음의 위상차가 된다.

$$\sin\theta = \frac{B}{A} \qquad \therefore \quad \text{위상차}(\theta) = \sin^{-1}\left(\frac{B}{A}\right)$$

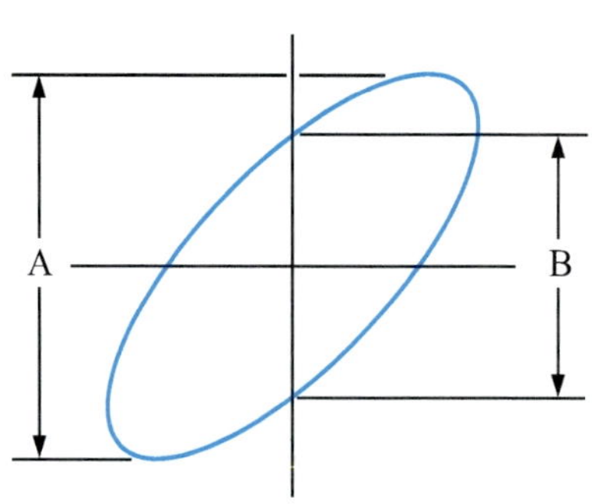

그림 15.12 **위상차 측정**

(4) 신호 발생기(함수 발생기)

신호 발생기(signal generator)는 선택된 주파수 범위 내에서 교류 전압을 발생하고 여러 가지 형태의 파형을 만들 수 있는 장비이다.

신호 발생기는 낮은 출력 전압을 발생하는데 이것은 전원을 공급받아 사용하려는 데 목적이 있는 것이 아니라 실험 및 측정을 하기 위한 신호를 발생시키는 데 주목적이 있기 때문이다. 신호 발생기에서 발생하는 파형은 사인파, 구형파, 톱니파 등이 있다.

신호 발생기는 일반적으로 발생 주파수의 범위에 따라 구분되며, 신호 발생기의 일반적인 기능은 다음과 같다.

① 신호 발생기는 출력 설정을 위하여 외부에 전압계 및 오실로스코프와 연결하여 사용하여야 한다.
② 가청 주파수 신호 발생기(audio frequency generator)는 수 [Hz]에서 20[kHz]의 가청 주파수 범위 내에서 약 20[V] 정도까지의 출력 전압을 발생시키지만, 상용 가청 주파수 신호 발생기는 500[kHz]에서 1[MHz]의 주파수 범위도 있다.
③ 가청 주파수 신호 발생기의 출력 신호는 대표적으로 사인파이지만, 상용 가청 주파수 신호 발생기는 구형파도 발생시킨다.
④ 함수 발생기는 주로 무선 회로를 시험하거나 고장 진단을 위하여 사용된다.
⑤ 함수 발생기 또는 파형 발생기는 사인파, 구형파, 톱니파 등의 여러 종류의 파형으로 가변 주파수의 신호를 발생시킨다.

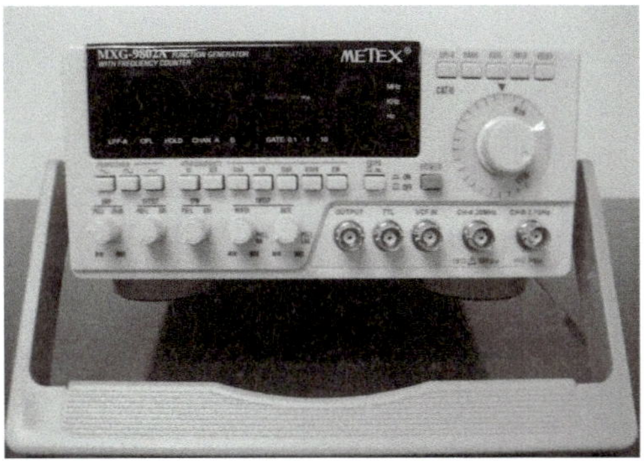

그림 15.13 **함수 발생기**

3. 사용기기 및 재료

(1) 함수 발생기(신호 발생기) ······ 1대
(2) 직류 전원 공급 장치 ······ 1대
(3) 오실로스코프 ······ 1대
(4) 회로 시험기 ······ 1대
(5) 저항(100 [Ω]) ······ 1개
(6) 가변 저항(1 [kΩ]) ······ 1개
(7) 만능 기판(bread board) ······ 1개
(8) 리드선 ······ 다수

4. 실험 방법

(교류 전압 측정 실험)

(1) 오실로스코프의 전원 스위치를 넣고 잠시 기다리면 CRT 화면상에 광점이 나타난다. 초기 동작을 위한 작업을 한다.

(2) INTENSITY와 FOCUS를 조절하여 휘선의 밝기와 선명도를 알맞게 조정한다.

(3) 그림 15.14와 같이 결선하고 전압계의 지시가 10 [V]가 되도록 전원 전압을 맞춘다.

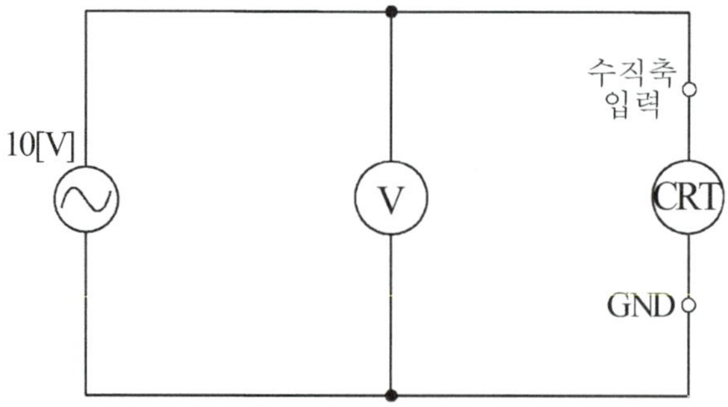

그림 15.14 **교류 전압 측정 회로**

(4) 그림 15.15와 같이 오실로스코프에 파형이 나타나도록 조정한다.

(5) 오실로스코프에 나타난 파형으로부터 첨두 전압 V_{P-P}를 읽는다.

첨두 전압(V_{P-P}) : [V]

(6) 회로 시험기로 전원 전압을 측정하여 기록한다.

회로 시험기 측정값 : [V]

(7) 실험 방법 (5)와 (6)항에서 오실로스코프와 회로 시험기로 측정한 값의 차이의 이유에 대하여 말하고, 이들 값의 관계를 설명한다.

(8) 교류 전압 조정기로 오실로스코프의 파형이 표 15.1과 같이 되도록 첨두 전압을 조정하여 맞추고, 그 때 회로 시험기로 전원 전압을 측정하여 표 15.1에 기록한다. 또 첨두 전압 V_{P-P}로부터 실효 전압을 계산하여 기록한다.

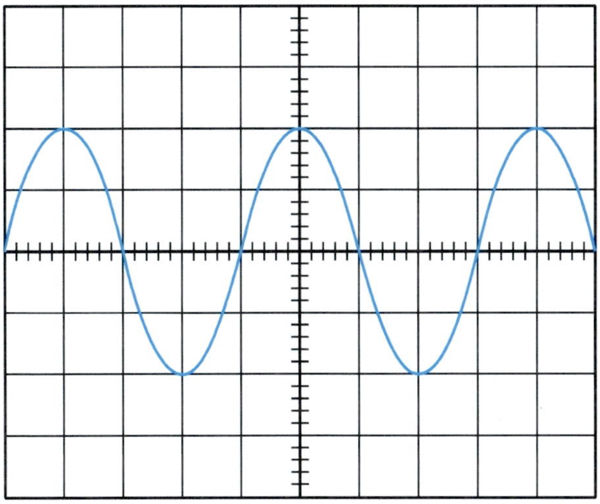

그림 15.15 **교류 전압 파형**

(직류 전압 측정 실험)

(9) 그림 15.16과 같이 직류 전원 공급 장치, 직류 전압계 및 오실로스코프를 연결한다.

(10) 오실로스코프를 실험 방법 (1)과 (2)항과 같이 한 다음 입력 결합 선택기를 DC로 전환시킨다.

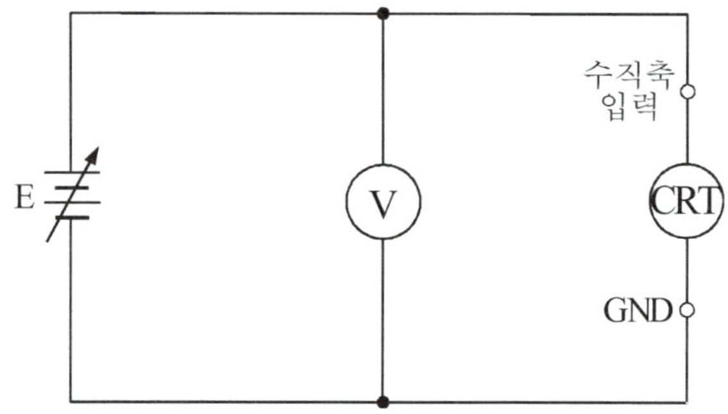

그림 15.16 **직류 전압 측정 회로**

(11) 직류 전원 공급 장치로 오실로스코프의 CRT 화면상에 전압 2, 4, 6, 8, 10[V]가 나타나도록 조정하고, 각각의 전압에 대하여 전압계 또는 회로 시험기로 측정한 값과 비교하고 설명한다.

표 15.1 **교류 전압 측정**

오실로스코프 V_{P-P}[V]	V_{rms}[V]	
	회로 시험기 측정값	계산값
5		
10		
15		
20		
25		
30		

(신호 발생기의 사용법 실험)

(13) 주파수 발생기를 이용하여 주파수 500[Hz]에서 정현파가 발생되도록 한 다음 진폭의 크기를 20, 40, 60, 80% 정도가 되도록 변화시키면서 CRT 화면상에 나타난 파형으로부터 각각의 첨두 전압 V_{P-P}를 측정한다. 또한 화면상에서 측정한 값에서 실효 전압을 계산하여 표 15.2에 기록한다.

(14) 실험 방법 (13)항에서 주파수 발생기의 출력 전압을 각각 전압계 또는 회로 시험기로 측정하여 표 15.2에 기록한다.

표 15.2 주파수 발생기에 의한 전압 측정

크기(%) (화면 대비)	측정 전압과 계산 전압 [V]		
	측정값 V_{P-P}	계산값 (V_{rms})	회로 시험기 측정값
20			
40			
60			
80			

(15) 오실로스코프와 회로 시험기로 측정한 값의 차이에 관하여 설명한다.

(16) 주파수 발생기를 이용하여 그림 15.17과 같이 주파수 측정을 위한 회로를 결선한다. 단, 저항은 $R=100[\Omega]$, 가변 저항은 $VR=1[\text{k}\Omega]$으로 한다.

(17) 주파수 발생기로부터 주파수 500[Hz], 출력 전압 6[V]가 되도록 하고 가변 저항을 표 15.3과 같이 변화시킬 때 가변 저항 양단 a, b에서 각각 오실로스코프와 회로 시험기로 측정하여 기록한다.

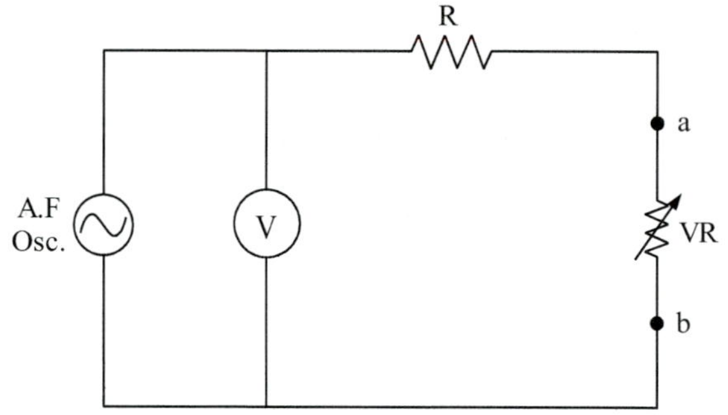

그림 15.17 주파수 발생기에 의한 전압 측정 회로

표 15.3 저항 변화에 따른 전압 측정

가변 저항 $VR[\Omega]$	측정 및 계산 전압[V]		
	V_{P-P}	계산값 (V_{rms})	회로 시험기 측정값
50			
100			
150			
200			

(주파수 측정 실험)

(18) 그림 15.18과 같이 결선하고 저항 양단의 a, b에 오실로스코프를 접속한다. 단, 저항은 $R = 100\,[\Omega]$으로 한다.

(19) 오실로스코프의 수직 감쇠기(VOLTS/DIV)를 $0.5\,[\mathrm{V/DIV}]$으로 조정하고, 주파수 발생기로부터 전압과 주파수를 임의로 변화시켜 고정시킨 다음, CRT 화면상에서 출력된 파형을 동기시킨다.

(20) 소인 시간 선택기(SWEEP TIME/DIV)를 이용하여 한 주기의 파형만 출력되도록 한다.

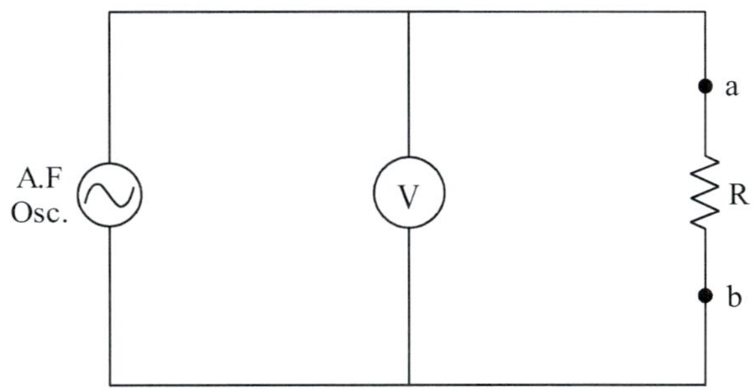

그림 15.18 **주파수 측정 실험 회로**

(21) CRT 화면상의 파형으로부터 임의로 선정한 출력 전압을 표 15.4에 기록한다. 또한 이 파형에서 주기를 구하고, 주기로부터 주파수를 계산하여 표 15.4에 기록한다.

(22) 주파수 발생기의 전압과 주파수를 다시 임의로 변화시켜 실험 방법 (19)~(21)항을 반복하여 표 15.4에 기록한다.

표 15.4 **주파수 측정 실험**

실험 횟수	적용 전압 V_{P-P}[V]	주 기 T[sec]	주파수 f[Hz]
1 회			
2 회			
3 회			
4 회			

5. 고찰 및 평가

(1) 정현파 신호에서 첨두 전압 V_{P-P}, 최대 전압 V_P 및 실효 전압 V_{rms}의 관계를 설명하고, 전압계 또는 회로 시험기로 측정한 값은 세 가지 전압 중에서 무엇과 같은지 설명하라.

(2) 오실로스코프의 CRT 화면상에서 정현파인 출력 신호의 진폭, 즉 파형의 높이는 4[DIV]이고, 한 주기의 수평 거리는 8[DIV]이다. 수직 감쇠기는 2[V/DIV]이고, 소인 시간 선택기는 5[ms/DIV]일 때, 다음을 각각 구하라.

구 분	첨두 전압 V_{P-P}	최대 전압 V_P	실효 전압 V_{rms}	주기 T	주파수 f
고 찰 (2)					

(3) 전압의 순시값이 각각 $v = 100\sqrt{2}\sin 120\pi t$와 $v = 5\sin 3140t$일 때, 다음에 대하여 각각 구하라.

구 분	첨두 전압 V_{P-P}	최대 전압 V_P	실효 전압 V_{rms}	주기 T	주파수 f
고 찰 (3)					

실험 16

R-C 교류 회로

1. 목적

1) 선형 소자인 R과 C의 회로에 교류 전압이 인가되었을 때 소자 양단의 단자 전압과 저항 성분인 리액턴스에 대해 알아본다.
2) $R-C$ 직렬 교류 회로의 임피던스 및 위상 관계를 실험을 통하여 확인한다.

2. 이론

그림 16.1과 같은 파형을 가진 교류 전압 v는 다음과 같이 표시한다.

$$v = V_m \sin\omega t \tag{16.1}$$

v는 임의의 시간에 대한 전압을 나타내므로 전압의 순시값이라 하고, V_m은 최대값이라 한다. 정현파에서 일정한 시간 T가 경과하면 앞의 값이 다시 나타나므로 T를 주기라고 하며 다음의 관계가 성립한다.

$$\omega = \frac{2\pi}{T} \tag{16.2}$$

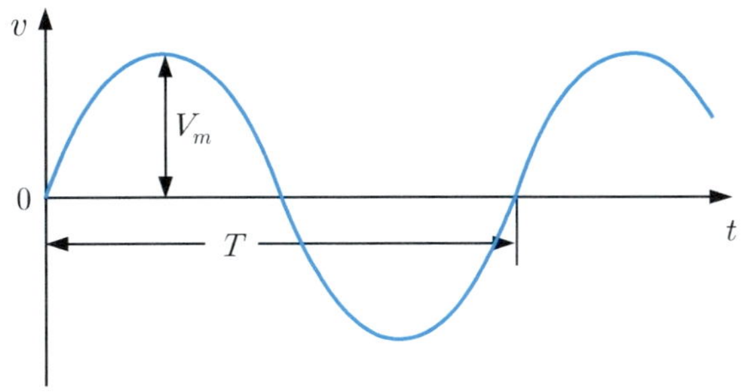

그림 16.1 교류 파형(전압)

여기서 ω를 각속도라고 한다. 또 단위 시간에 동일한 파형이 반복되는 횟수를 주파수 $f(=1/T)$라고 한다. 그리고 각속도 ω와 주파수 f 사이에는

$$\omega = 2\pi f \tag{16.3}$$

의 관계가 있다.

순시 교류 전압을 인가하여 저항에서 소비하는 전력과 직류를 인가하여 소비하는 전력이 같도록 환산한 값을 실효값이라 하는데, 정현파 교류 전압, 전류의 크기는 최대값 외에 일반적으로 실효값을 많이 사용한다.

교류 전압의 실효값을 V라고 하면 최대값과의 관계는 $V_m = \sqrt{2}\,V$가 된다. 따라서 식 (16.1)의 교류 순시 전압 v을 실효값 V로 표현하면 다음과 같이 된다.

$$v = \sqrt{2}\,V\sin\omega t \tag{16.4}$$

교류 전압계 및 전류계 등 대부분 교류용 계측기는 순시값의 제곱에 비례하는 토크(torque)를 지시하도록 되어 있기 때문에 그 눈금은 실효값을 나타낸다.

(1) 저항과 커패시턴스 회로

1) 저항 회로

그림 16.2와 같이 저항만을 가진 회로에 $v = V_m \sin\omega t$의 교류 전압이 인가되었다면 저항에 흐르는 전류는 옴의 법칙에 의해

$$i = \frac{v}{R} = \frac{V_m}{R}\sin\omega t = I_m \sin\omega t \tag{16.5}$$

가 된다. 즉, 전압과 전류의 최대값은

$$\frac{V_m}{R} = I_m \qquad \therefore \quad V_m = RI_m \tag{16.6}$$

의 관계가 있으며, 실효값은 $V_m = \sqrt{2}\,V$, $I_m = \sqrt{2}\,I$의 관계로부터

$$V = RI \quad \text{또는} \quad I = \frac{V}{R} \tag{16.7}$$

가 성립한다.

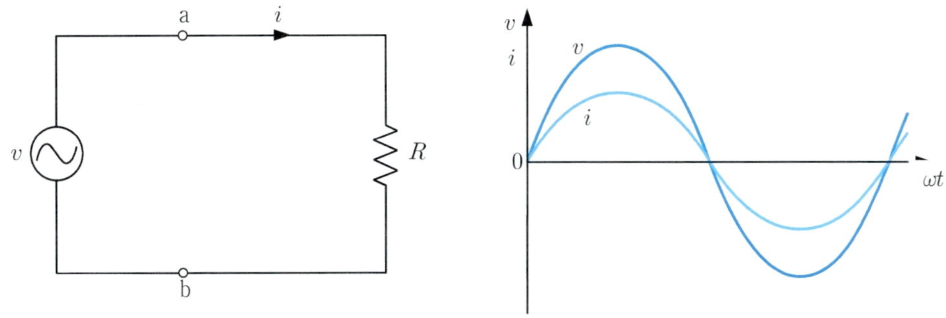

(a) 저항 회로 (b) 전압과 전류의 위상 관계

그림 16.2 저항 회로

저항만의 교류 회로의 특징을 요약하면 다음과 같다.

① 전압과 전류는 동일 주파수의 정현파이다.

② 전압과 전류는 동상이다.

③ 전압과 전류의 최대값 또는 실효값의 비는 저항 R이다.

2) 커패시터 회로

인덕터나 커패시터에도 교류를 흘리면 저항기와 마찬가지로 전류의 흐름을 방해하는 저항 성분이 있다. 이 교류 저항 성분을 리액턴스 X라 한다.

이를 인덕터에서는 유도성 리액턴스 X_L, 커패시터에서는 용량성 리액턴스 X_C라 하고, 단위는 저항과 마찬가지로 옴 $[\Omega]$을 사용한다. 각각의 리액턴스 X_L과 X_C는 다음과 같다.

$$\begin{cases} \text{유도성 리액턴스 : } X_L = \omega L = 2\pi f L\,[\Omega] \\ \text{용량성 리액턴스 : } X_C = \dfrac{1}{\omega C} = \dfrac{1}{2\pi f C}\,[\Omega] \end{cases} \tag{16.8}$$

그림 16.3과 같이 커패시터만을 가진 회로에 $v = V_m \sin\omega t$의 교류 전압이 인가되었다면, 커패시턴스 C에 흐르는 전류의 순시값 i와 전류의 실효값 I는

$$i = C\frac{dv}{dt} = \omega C V_m \cos\omega t = \frac{V_m}{X_C}\sin\left(\omega t + \frac{\pi}{2}\right) \tag{16.9}$$

$$I = \frac{V}{X_C} = \omega C V \tag{16.10}$$

가 되고, 위상은 전류가 전압보다 90°만큼 앞선다.

식 (16.8)과 식 (16.10)에서 커패시터의 교류 저항 성분인 용량성 리액턴스 X_C는 C와 f 에 반비례하기 때문에 일정 전압 하에서 C와 f 가 클수록 X_C는 작게 되어 전류는 증가한다. 따라서 커패시터에서 전류는 주파수가 낮을수록 흐르기 어렵고, 직류는 주파수가 0인 교류로 볼 수 있으므로 통과할 수 없음을 알 수 있다.

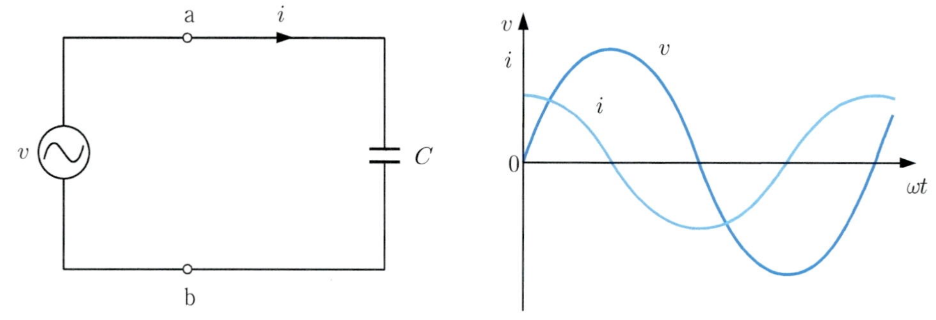

(a) 커패시터 회로 (b) 전압과 전류의 위상 관계

그림 16.3 **커패시터 회로**

커패시터만의 교류 회로의 특징을 요약하면 다음과 같다.

① 전압과 전류는 동일 주파수의 정현파이다.

② 전류는 전압보다 위상이 90°만큼 앞선다.(진상 전류)

③ 전압과 전류의 최대값 또는 실효값의 비는 용량성 리액턴스 X_C이다.

(2) $\boldsymbol{R-C}$ 직렬 교류 회로

그림 16.4와 같이 $R-C$ 직렬 회로에 $v = V_m \sin\omega t$의 교류 전압이 인가되었다면 이 회로에 흐르는 전류의 순시값은

$$i = \frac{V_m}{\sqrt{R^2 + X_C{}^2}} \sin(\omega t + \theta) = I_m \sin(\omega t + \theta) \tag{16.11}$$

가 된다. 단, 위상차 θ는 다음과 같다.

$$\theta = \tan^{-1}\left(\frac{X_C}{R}\right) \tag{16.12}$$

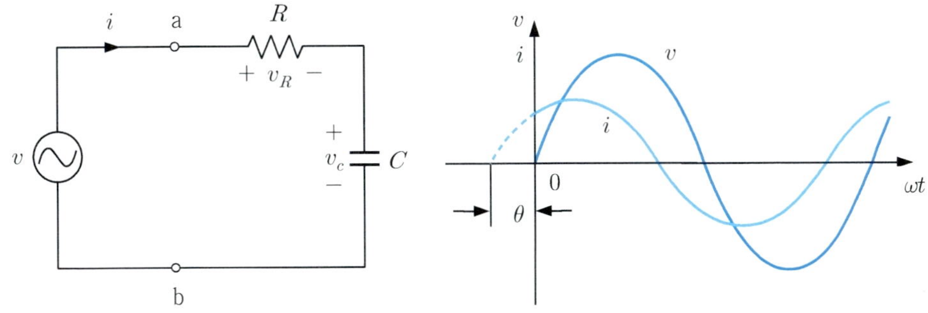

(a) $R-C$ 회로 (b) 전압과 전류의 위상 관계

그림 16.4 $R-C$ **직렬 교류 회로**

식 (16.11)에서 전류의 최대값 I_m과 실효값 I는

$$I_m = \frac{V_m}{\sqrt{R^2+X_C^{\,2}}}, \qquad I = \frac{V}{\sqrt{R^2+X_C^{\,2}}} \tag{16.13}$$

의 관계가 성립한다. 여기서 $\sqrt{R^2+X_C^{\,2}}$ 은 그림 16.5와 같이 순저항 R과 교류 저항 X가 합성되어 이루어진 합성 저항이며 이것을 임피던스 Z라 한다. 즉,

$$Z = \sqrt{R^2+X_C^{\,2}} \tag{16.14}$$

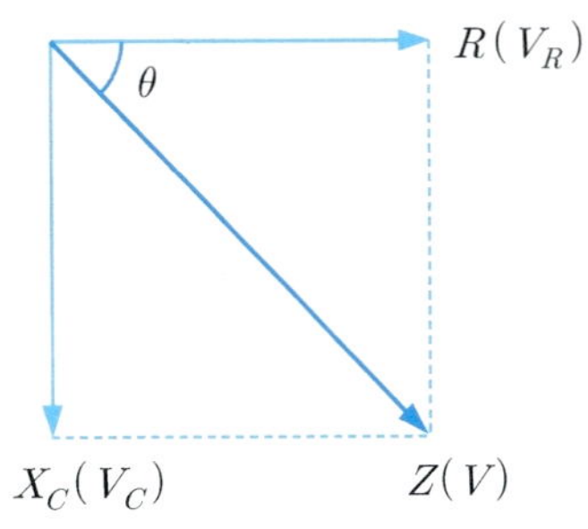

그림 16.5 $R-C$ **회로**(Z)

이고, 식 (16.13)의 실효값 전류 I와 전압 V의 관계는

$$I = \frac{V}{Z}, \quad V = ZI \tag{16.15}$$

가 성립한다. 따라서 저항 R에 걸리는 전압 V_R과 용량성 리액턴스 X_C에 걸리는 전압 V_C, 또 전원 전압 V와의 관계는 다음과 같다.

$$V_R = RI, \qquad V_C = X_C I \tag{16.16}$$

$$\therefore \quad V = \sqrt{{V_R}^2 + {V_C}^2}$$

$R - C$ 교류 회로의 특징을 요약하면 다음과 같다.

① 전압과 전류는 동일 주파수의 정현파이다.
② 저항 R에 걸리는 전압 V_R은 회로 전류와 동상이다.
③ 커패시터에 걸리는 전압 V_C는 전류보다 위상이 90°만큼 뒤진다.
④ 공급 전압 V는 V_R과 V_C의 벡터합으로 나타내며 $\sqrt{{V_R}^2 + {V_C}^2}$ 이다.
⑤ 전압 V와 전류 I의 위상차 θ는 다음과 같다.

$$\theta = \tan^{-1}\left(\frac{X_C}{R}\right) = \tan^{-1}\left(\frac{V_C}{V_R}\right)$$

각 R, L, C의 선형 소자로 구성된 회로에서 전압, 전류의 순시치 및 위상차 관계를 요약한 표 16.1를 참고하기 바란다.

예제

정전 용량 50 [μF]인 콘덴서가 있다. 이 콘덴서에 $v = 100\sqrt{2}\,\sin 377t$ [V]의 교류 전압을 인가했을 때 회로의 리액턴스, 전류의 실효값과 순시값을 나타내라.

풀이

회로의 리액턴스와 실효값 전류는 각각 다음과 같다.

$$X_C = \frac{1}{\omega C} = \frac{1}{377 \times 50 \times 10^{-6}} = 53\ [\Omega]$$

$$I = \frac{V}{X_C} = \frac{100}{53} = 1.89\,[\text{A}]$$

커패시터만의 회로이므로 용량성이 되어 전류가 전압보다 위상이 90°만큼 앞서게 되므로 전류의 순시값 i는 다음과 같이 된다.

$$i = 1.89\sqrt{2}\,\sin\left(377t + \frac{\pi}{2}\right)[\text{A}]$$

예제

$R = 8\,[\Omega]$, $C = 320\,[\mu\text{F}]$의 직렬 회로에 $v = 200\sqrt{2}\,\sin 120\pi t\,[\text{V}]$의 전압을 인가하였다.

(1) 회로 전류를 순시값으로 표현하라.

(2) R과 C의 단자 전압인 V_R, V_C를 구하고 이들과 전체 전압의 크기 V 사이에 $V = V_R + V_C$의 관계가 성립하는지 확인하라.

풀이

(1) 회로의 리액턴스는

$$X_C = \frac{1}{\omega C} = \frac{1}{120\pi \times 320 \times 10^{-6}} = 8.3\,[\Omega]$$

이다. 따라서 임피던스 Z와 위상차 θ는 다음과 같이 된다.

$$Z = \sqrt{R^2 + {X_C}^2} = \sqrt{8^2 + 8.3^2} = 11.5\,[\Omega]$$

$$\theta = \tan^{-1}\frac{X_C}{R} = \tan^{-1}\frac{8.3}{8} = 46.1°$$

또한 회로 전류의 실효값은 다음과 같이 구할 수 있다.

$$I = \frac{V}{Z} = \frac{200}{11.5} = 17.4\,[\text{A}]$$

이들의 구한 값으로부터 순시값 전류는 $R-C$ 직렬 회로의 용량성이 되어 전류가 전압보다 위상이 θ만큼 앞서게 되므로 전류의 순시값 i는 다음과 같이 나타낸다.

$$\therefore\ \ i = 17.4\sqrt{2}\,\sin(120\pi t + 46.1°)\,[\text{A}]$$

(2) 각 소자에 걸리는 단자 전압은

$$V_R = RI = 8 \times 17.4 = 139\,[\mathrm{V}]$$

$$V_C = X_C I = 8.3 \times 17.4 = 144\,[\mathrm{V}]$$

가 되어 $V = V_R + V_C$의 대수합은 성립하지 않는다. 따라서 전체 전압과 단자 전압과의 관계는 식 (16.16)과 같이 된다.

3. 사용기기 및 재료

(1) 함수 발생기(신호 발생기) 또는 교류 전압 조정기 ………… 1대
(2) 교류 전압계(10/50[V]) ………… 1대
(3) 교류 전류계(10/50[mA]) 또는 디지털 멀티미터 ………… 1대
(4) 저항(300[Ω]) ………… 1개
(5) 콘덴서(0.47[μF]) ………… 1개
(6) 회로 시험기 ………… 1대
(7) 만능 기판 ………… 1개
(8) 리드선 ………… 다수

4. 실험 방법

(커패시터 교류 회로)

(1) 그림 16.6의 커패시터 회로를 결선한다. 단, 정전 용량 C는 0.47[μF]이고, 전원은 함수 발생기(Function Generator)를 사용하여 정현파 교류 전압과 주파수를 8[V], 500[Hz]로 한다.(교류 전압은 교류 전압계 대신에 회로 시험기로 측정해도 된다.)

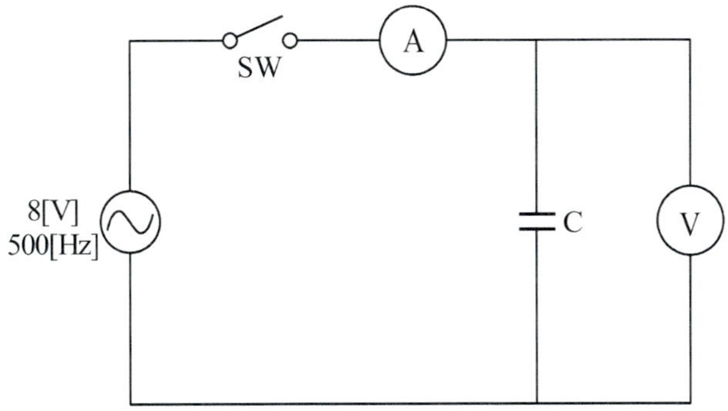

그림 16.6 커패시터 교류 회로 실험

(2) 스위치 SW를 닫고 회로에 흐르는 전류를 측정하여 표 16.1에 기록한다.

(3) 인가 전압의 주파수를 500[Hz]부터 500[Hz] 간격으로 2000[Hz]까지 변화시키면서 회로에 흐르는 전류를 측정하여 표 16.1에 기록한다.

(4) 표 16.1의 측정값으로부터 커패시터의 회로에서 주파수 변화에 따라 전류의 변화를 설명한다.

(5) 그림 16.6의 커패시터 회로에서 용량성 리액턴스를 계산하여 구하고, 각각 주파수에 따른 회로의 전류를 구하여 표 16.1에 기록한다.

(6) 실험 회로에서 전원 전압이 8[V], 주파수가 500[Hz]와 1000[Hz]일 때, 전원 전압과 전류의 위상차 및 전압, 전류의 순시값을 구하여 각각 표 16.1에 기록한다.

표 16.1 커패시터 교류 회로 실험

<table>
<tr><th rowspan="2">전원
전압</th><th rowspan="2">주파수
[Hz]</th><th rowspan="2">$X_C\,[\Omega]$</th><th colspan="2">$I\,[\text{mA}]$</th><th rowspan="2">전압, 전류
위상차와 순시값</th></tr>
<tr><th>이론값</th><th>측정값</th></tr>
<tr><td rowspan="4">8 [V]</td><td>500</td><td></td><td></td><td></td><td rowspan="2">500 [Hz] $\theta =$
$\begin{cases} v = \\ i = \end{cases}$</td></tr>
<tr><td>1000</td><td></td><td></td><td></td></tr>
<tr><td>1500</td><td></td><td></td><td></td><td rowspan="2">1000 [Hz] $\theta =$
$\begin{cases} v = \\ i = \end{cases}$</td></tr>
<tr><td>2000</td><td></td><td></td><td></td></tr>
</table>

($R - C$ 직렬 교류 회로)

(7) 그림 16.7과 같이 $R - C$ 직렬 교류 회로를 결선한다. 단, 저항 R은 300 [Ω], 정전 용량 C는 0.47 [μF] 이다.

(8) 전원은 함수 발생기(Function Generator)를 사용하여 정현파 교류 전압과 주파수를 8 [V], 500 [Hz]로 조정한다.

(9) 스위치 SW를 닫고 회로에 흐르는 전류를 측정하여 표 16.2에 기록한다.

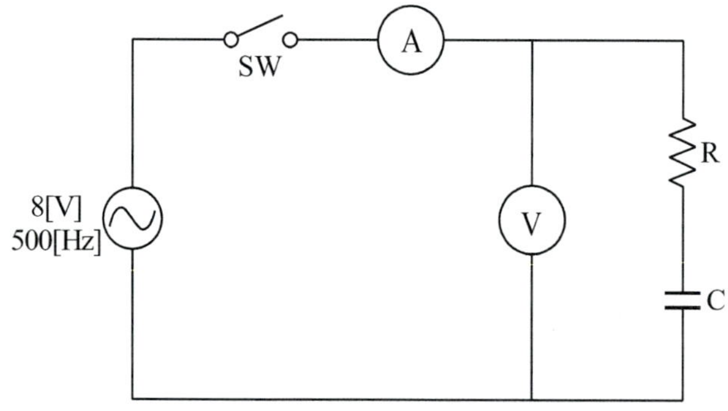

그림 16.7 $R-C$ 직렬 교류 회로 실험

(10) 회로 시험기 또는 교류 전압계를 이용하여 각 소자의 단자 전압 V_R, V_C를 측정하고, 또 측정 전압에서 위상차 θ를 구하여 표 16.2에 각각 기록한다.

(11) 실험 방법 (10)항에서 측정한 단자 전압 V_R, V_C로부터 전원 전압 V를 계산 $\left(V = \sqrt{V_R{}^2 + V_C{}^2}\right)$하여 인가한 전원 전압과 일치하는지 확인한다. 일치하지 않는다면 그 이유를 설명한다.

(12) 위의 측정 결과로부터 표 16.2의 이론값 난에 주어진 항목들을 계산하여 표 16.2에 기록한다.

(13) 표 16.2의 측정값과 계산값을 이용하여 전압과 전류의 순시값을 표 16.2에 기록한다.

(14) 주파수를 1000[Hz]로 바꾸어 실험 방법 (9)~(13)항을 반복하여 수행한다.

표 16.2 $R-C$ 직렬 교류 회로 실험

<table>
<tr><th rowspan="2">전원 전압</th><th rowspan="2">주파수 [Hz]</th><th colspan="4">측정값</th><th colspan="5">이론값</th></tr>
<tr><th>I[mA]</th><th>V_R[V]</th><th>V_C[V]</th><th>θ</th><th>X_C[Ω]</th><th>Z[Ω]</th><th>V[V]</th><th>I[mA]</th><th>θ</th></tr>
<tr><td rowspan="3">8[V]</td><td>500</td><td></td><td></td><td></td><td></td><td></td><td></td><td></td><td></td><td></td></tr>
<tr><td>1000</td><td></td><td></td><td></td><td></td><td></td><td></td><td></td><td></td><td></td></tr>
<tr><td colspan="10">500[Hz] $\begin{cases} v = \\ i = \end{cases}$
1000[Hz] $\begin{cases} v = \\ i = \end{cases}$</td></tr>
</table>

5. 고찰 및 평가

(1) 표 16.1과 표 16.2의 실험 결과에서 주파수의 변화에 따라 커패시터에 흐르는 전류의 변화에 대해 고찰하라.

(2) 정전 용량이 4.7 [μF]의 커패시터 회로에 $v = 5\sin 1000\pi t$ [V]의 교류 전압을 인가했을 때 회로의 리액턴스, 전류의 순시값을 구하라.

(3) $R-C$ 직렬 회로에 $v = 10\sin 10{,}000t$ [V]의 정현파 교류 전압이 인가되어 있다. $R = 80$ [Ω], $C = 1$ [μF]라 할 때, 회로 전류의 순시값과 R, C 각각의 단자 전압을 구하라.

(4) 커패시터 회로의 실험 결과 표 16.1로부터 V, V_C, I의 벡터도를 그려라.

(5) $R-C$ 직렬 회로의 실험 결과 표 16.2로부터 V, V_R, V_C, I의 벡터도를 그려라.

실험 17

R-L 교류 회로

1. 목적

1) 선형 소자인 R과 L의 회로에 교류 전압이 인가되었을 때 소자 양단의 단자 전압과 저항 성분인 리액턴스에 대해 알아본다.
2) $R-L$ 직렬 교류 회로의 임피던스 및 위상 관계를 실험을 통하여 확인한다.

2. 이론

(1) 인덕터 교류 회로

인덕터에 교류를 흘리면 저항기와 마찬가지로 전류의 흐름을 방해하는 저항 성분이 있다. 인덕터에서의 교류 저항 성분을 유도성 리액턴스 $X_L[\Omega]$이라 한다.

그림 17.1과 같이 인덕터만을 가진 회로에 $v = V_m \sin\omega t$의 교류 전압이 인가되었다면 인덕턴스 L에 흐르는 전류의 순시값은

$$v = L\frac{di}{dt}\text{에서}$$

$$i = \frac{1}{L}\int v\,dt = -\frac{V_m}{\omega L}\cos\omega t = \frac{V_m}{\omega L}\sin\left(\omega t - \frac{\pi}{2}\right) \tag{17.1}$$

$$\therefore \quad i = \frac{V_m}{X_L}\sin\left(\omega t - \frac{\pi}{2}\right) \tag{17.2}$$

가 된다. 즉, 전류의 실효값은

$$I = \frac{V}{X_L} = \frac{V}{\omega L} \tag{17.3}$$

가 되고, 위상은 전류가 전압보다 90°만큼 뒤진다.

식 (17.3)에서 인덕터의 교류 저항 성분인 유도성 리액턴스 X_L은 L과 f에 비례하기 때문에 일정 전압 하에서 L과 f가 클수록 X_L도 커지게 되어 전류는 감소한다. 따라서 인덕터에서 전류는 주파수가 높을수록 흐르기 어렵고, 직류에서는 주파수가 0인 교류로 볼 수 있으므로 무한대의 전류가 흐르게 됨을 의미한다.

그러나 실제의 인덕터는 L성분 외에 약간의 저항 성분을 가지고 있기 때문에 이와 같은 현상은 보이지 않는다.

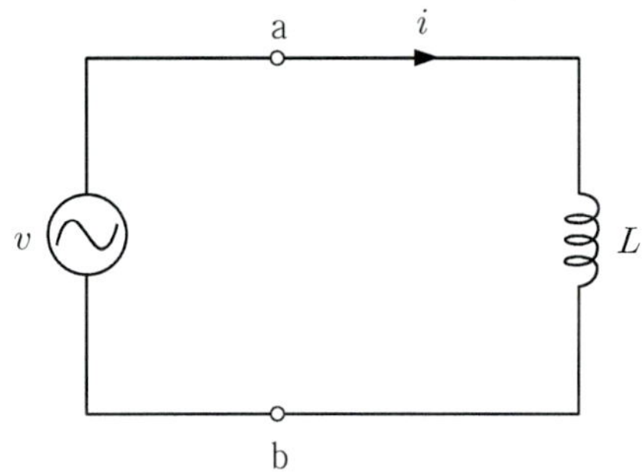

(a) 인덕터 회로

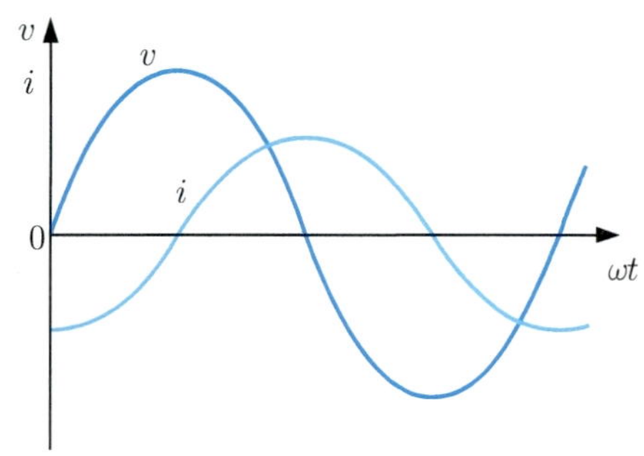

(b) 전압과 전류의 위상 관계

그림 17.1 **인덕터 회로**

그림 17.1에서 인덕터 L만의 교류 회로의 특징을 요약하면 다음과 같다.

① 전압과 전류는 동일 주파수의 정현파이다.
② 전류는 전압보다 위상이 90°만큼 뒤진다.(지상 전류)
③ 전압과 전류의 최대값 또는 실효값의 비는 유도성 리액턴스 X_L이다.

(2) $R-L$ 직렬 교류 회로

그림 17.2와 같이 $R-L$ 직렬 교류 회로에 $v = V_m \sin\omega t$의 교류 전압이 인가되었다면 이 회로에 흐르는 전류의 순시값은

$$i = \frac{V_m}{\sqrt{R^2 + X_L^{\ 2}}} \sin(\omega t - \theta) = I_m \sin(\omega t - \theta) \tag{17.4}$$

가 된다. 단, 위상차 θ는 다음과 같다.

$$\theta = \tan^{-1}\left(\frac{X_L}{R}\right) \tag{17.5}$$

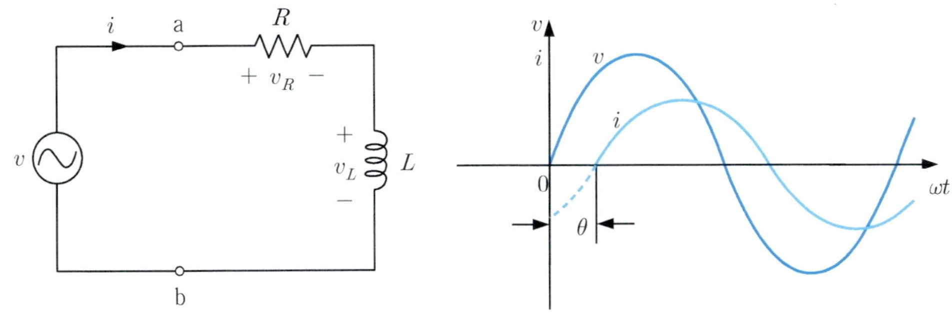

(a) $R-L$ 회로　　(b) 전압과 전류의 위상 관계

그림 17.2 $R-L$ 직렬 교류 회로

식 (16.6), 식 (16.7)로부터 전류의 최대값 I_m과 실효값 I는

$$I_m = \frac{V_m}{\sqrt{R^2+X_L{}^2}}, \qquad I = \frac{V}{\sqrt{R^2+X_L{}^2}} \tag{17.6}$$

의 관계가 성립한다. 여기서 임피던스 Z는 그림 17.3과 같이

$$Z = \sqrt{R^2+X_L{}^2} \tag{17.7}$$

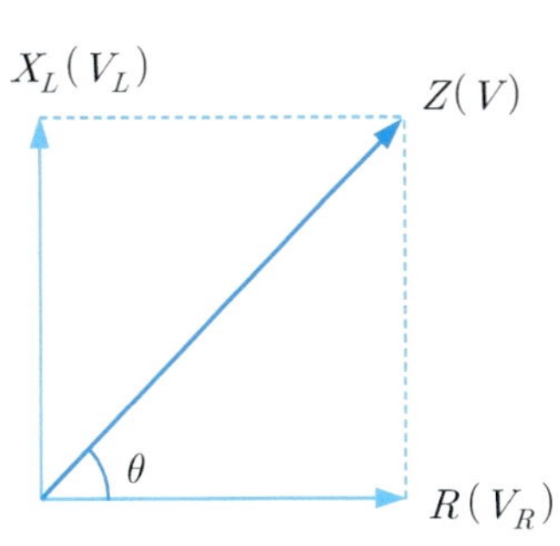

그림 17.3 $R-L$ 회로(Z)

이므로 식 (17.6)의 실효값 전류 I와 전압 V는

$$I = \frac{V}{Z}, \quad V = ZI \tag{17.8}$$

의 관계가 성립한다. 따라서 저항 R에 걸리는 전압 V_R과 유도성 리액턴스 X_L에 걸리는 전압 V_L, 또 전원 전압 V와의 관계는 다음과 같다.

$$V_R = RI, \qquad V_L = X_L I \tag{17.9}$$

$$\therefore \quad V = \sqrt{{V_R}^2 + {V_L}^2}$$

$R-L$ 교류 회로의 특징을 요약하면 다음과 같다.

① 전압과 전류는 동일 주파수의 정현파이다.
② 저항 R에 걸리는 전압 V_R은 회로 전류와 동상이다.
③ 인덕터에 걸리는 전압 V_L은 전류보다 위상이 90°만큼 앞선다.
④ 공급 전압 V는 V_R과 V_L의 벡터합으로 나타내며 $\sqrt{{V_R}^2 + {V_L}^2}$ 이다.
⑤ 전압 V와 전류 I의 위상차 θ는 다음과 같다.

$$\theta = \tan^{-1}\left(\frac{X_L}{R}\right) = \tan^{-1}\left(\frac{V_L}{V_R}\right)$$

각 R, L, C 선형 소자로 구성된 회로에서 전압, 전류의 순시치 및 위상차 관계를 요약한 표 16.1를 참고하기 바란다.

예제

인덕턴스 40[mH]의 코일에 $v = 100\sqrt{2}\sin 100\pi t$ [V]의 교류 전압을 인가했을 때 이 코일의 리액턴스, 전류의 실효값과 순시값을 나타내라.

풀이

회로의 리액턴스와 실효값 전류는 각각 다음과 같다.

$$X_L = \omega L = 100 \times \pi \times 40 \times 10^{-3} = 12.57\,[\Omega]$$

$$I = \frac{V}{X_L} = \frac{100}{12.57} = 7.96\,[\mathrm{A}]$$

인덕터 만의 회로이므로 유도성 회로가 되어 전류가 전압보다 위상이 90°만큼 뒤지게 되므로 전류의 순시값 i는 다음과 같이 된다.

$$\therefore \quad i = 7.96\sqrt{2}\sin\left(100\pi t - \frac{\pi}{2}\right)[\mathrm{A}]$$

예제

$R = 20\,[\Omega]$, $L = 56\,[\mathrm{mH}]$의 직렬 회로에 $v = 100\sqrt{2}\sin 120\pi t\,[\mathrm{V}]$의 전압을 인가하였다.

(1) 임피던스와 위상을 구하라.

(2) 회로 전류를 순시값으로 표현하라.

풀이

(1) 회로의 유도성 리액턴스는

$$X_L = \omega L = 120 \times \pi \times 56 \times 10^{-3} = 21.1\,[\Omega]$$

이다. 따라서 임피던스 Z와 위상차 θ는 다음과 같이 된다.

$$Z = \sqrt{R^2 + X_L^{\ 2}} = \sqrt{20^2 + 21.1^2} = 29.1\,[\Omega]$$

$$\theta = \tan^{-1}\frac{X_L}{R} = \tan^{-1}\frac{21.1}{20} = 46.5°$$

(2) 회로 전류의 실효값은

$$I = \frac{V}{Z} = \frac{100}{29.1} = 3.44\,[\mathrm{A}]$$

가 된다. 이들 구한 값으로부터 순시값 전류는 $R-L$ 직렬 회로의 유도성 회로가 되어 전류가 전압보다 위상이 θ만큼 뒤지게 되므로 전류의 순시값 i는 다음과 같이 표현된다.

$$\therefore \quad i = 3.44\sqrt{2}\sin(120\pi t - 46.5°)\,[\mathrm{A}]$$

3. 사용기기 및 재료

(1) 함수 발생기(신호 발생기) 또는 교류 전압 조정기 ······ 1대
(2) 교류 전압계(10/50[V]) ······ 1대
(3) 교류 전류계(10/50[mA]) 또는 디지털 멀티미터 ······ 1대
(4) 저항(300[Ω]) ······ 1개
(5) 인덕터(100[mH]) ······ 1개
(6) 회로 시험기 ······ 1대
(7) 만능 기판 ······ 1개
(8) 리드선 ······ 다수

4. 실험 방법

(인덕터 교류 회로)

(1) 그림 17.4의 인덕터 교류 회로를 결선한다. 단, 인덕턴스 L은 100[mH]이고, 전원은 함수 발생기(Function Generator)를 사용하여 정현파 교류 전압과 주파수를 8[V], 500[Hz]로 한다.

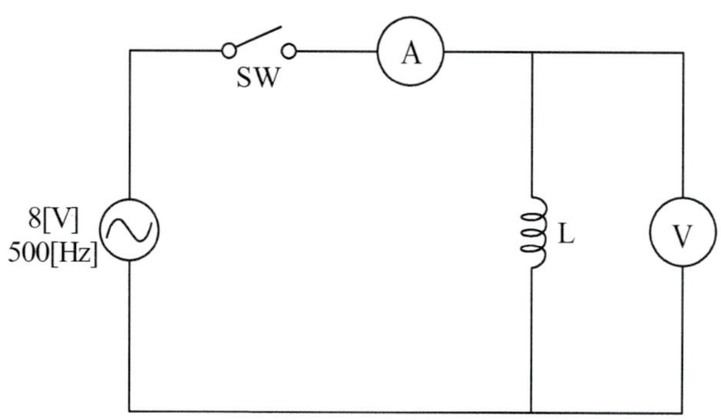

그림 17.4 **인덕터 교류 회로 실험**

(2) 스위치 SW를 닫고 회로에 흐르는 전류를 측정하여 표 17.1에 기록한다.

(3) 인가 전압의 주파수를 500[Hz]부터 500[Hz] 간격으로 2000[Hz]까지 변화시키면서 회로에 흐르는 전류를 측정하여 표 17.1에 기록한다.

(4) 표 17.1의 측정값으로부터 인덕터의 회로에서 주파수 변화에 따라 전류의 변화를 설명한다.

(5) 그림 17.4의 인덕터 회로에서 유도성 리액턴스를 계산하여 구하고, 각각 주파수에 따른 회로의 전류를 구하여 표 17.1에 기록한다.

(6) 실험 회로에서 전원 전압이 8[V], 주파수가 500[Hz]와 1000[Hz]일 때, 전원 전압과 전류의 위상차 및 전압, 전류의 순시값을 각각 표 17.1에 기록한다.

표 17.1 인덕터 교류 회로 실험

전 원 전 압	주파수 [Hz]	$X_L[\Omega]$	I[mA]		전압, 전류 위상차와 순시값
			이론값	측정값	
8[V]	500				500[Hz] $\theta =$ $v =$ $i =$
	1000				
	1500				1000[Hz] $\theta =$ $v =$ $i =$
	2000				

($R-L$ 직렬 교류 회로)

(7) 그림 17.5와 같이 $R-L$ 직렬 교류 회로를 결선한다. 단, 저항 R은 300[Ω], 인덕턴스 L은 100[mH]이다.

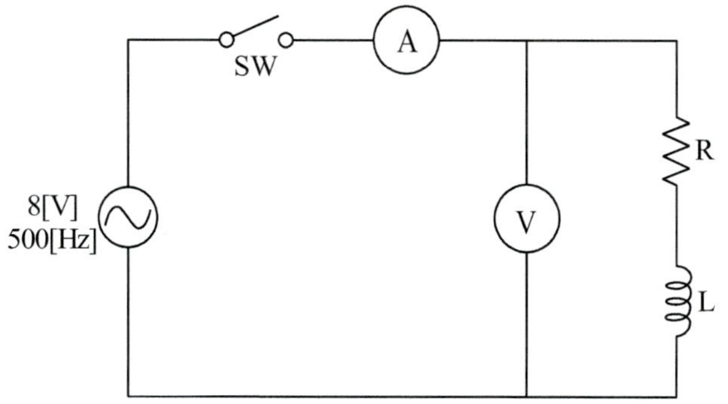

그림 17.5 $R-L$ 직렬 교류 회로 실험

(8) 전원은 함수 발생기(Function Generator)를 사용하여 정현파 교류 전압과 주파수를 8[V], 500[Hz]로 조정한다.

(9) 스위치 SW를 닫고 회로에 흐르는 전류를 측정하여 표 17.2에 기록한다.

(10) 회로 시험기 또는 교류 전압계를 이용하여 각 소자의 단자 전압 V_R, V_L를 측정하고, 또 측정 전압에서 위상차 θ를 구하여 표 17.2에 각각 기록한다.

(11) 실험 방법 (10)항에서 측정한 단자 전압 V_R, V_L로부터 전원 전압 V를 계산 $\left(V = \sqrt{V_R^2 + V_L^2}\right)$하여 인가한 전원 전압과 일치하는지 확인한다. 일치하지 않는다면 그 이유를 설명한다.

(12) 위의 측정 결과로부터 표 17.2의 이론값 난에 주어진 항목들을 계산하여 표 17.2에 기록한다.

(13) 표 17.2의 측정값과 계산값을 이용하여 전압과 전류의 순시값을 표 17.2에 기록한다.

(14) 주파수를 1000[Hz]로 바꾸어 실험 방법 (9)~(13)항을 반복하여 수행한다.

표 17.2 $R-L$ 직렬 교류 회로 실험

<table>
<tr><th rowspan="2">전 원
전 압</th><th>주파수</th><th colspan="4">측정값</th><th colspan="5">이론값</th></tr>
<tr><th>[Hz]</th><th>I[mA]</th><th>V_R[V]</th><th>V_L[V]</th><th>θ</th><th>$X_L[\Omega]$</th><th>$Z[\Omega]$</th><th>V[V]</th><th>I[mA]</th><th>θ</th></tr>
<tr><td rowspan="4">8[V]</td><td>500</td><td></td><td></td><td></td><td></td><td></td><td></td><td></td><td></td><td></td></tr>
<tr><td>1000</td><td></td><td></td><td></td><td></td><td></td><td></td><td></td><td></td><td></td></tr>
<tr><td colspan="10">500[Hz] $\begin{cases} v = \\ i = \end{cases}$</td></tr>
<tr><td colspan="10">1000[Hz] $\begin{cases} v = \\ i = \end{cases}$</td></tr>
</table>

5. 고찰 및 평가

(1) 인덕턴스 40[mH]의 코일에 $v = 5\sin 1000\pi t$ [V]의 교류 전압을 인가했을 때 이 코일의 리액턴스, 전류의 순시값을 구하라.

(2) $R-L$ 직렬 회로에 100[V], 60[Hz]의 정현파 교류 전압이 인가되어 있다. $R = 15$ [Ω], $L = 53$[mH]라 할 때, 회로 전류의 순시값과 소자 R, L 각각의 단자 전압을 구하라.

(3) 인덕터 회로의 실험 결과 표 17.1로부터 V, V_L, I의 벡터도를 그려라.

(4) $R-L$ 직렬 회로의 실험 결과 표 17.2로부터 V, V_R, V_L, I의 벡터도를 그려라.

실험 18

R-L-C 교류 회로

1. 목적

1) $R-L-C$회로에 교류 전압이 인가되었을 때 각 소자 양단의 단자 전압과 저항 성분인 리액턴스에 대해 알아본다.
2) $R-L-C$직렬 교류 회로의 임피던스 및 위상 관계를 실험을 통하여 확인한다.

2. 이론

그림 18.1과 같이 $R-L-C$직렬 회로에 $v = V_m \sin\omega t$의 교류 전압이 인가되었다면 이 회로에 흐르는 전류의 순시값 결과는 다음과 같다.

$$i = \frac{V_m}{\sqrt{R^2+(X_L-X_C)^2}}\sin(\omega t \pm \theta) = I_m \sin(\omega t \pm \theta) \qquad (18.1)$$

단, 위상차 $\theta = \tan^{-1}\left(\frac{|X_L - X_C|}{R}\right)$

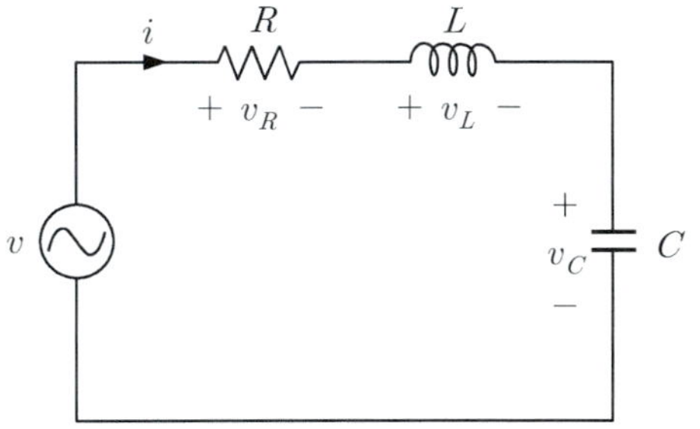

그림 18.1 $R-L-C$직렬 회로

여기서 위상 앞의 부호 (+)는 용량성 회로, (−)는 유도성 회로를 의미한다. 합성 리액턴스 X는

$$X = X_L - X_C = \omega L - \frac{1}{\omega C} \tag{18.2}$$

이다. 식 (18.1)에서 전류의 최대값 I_m과 실효값 I는 다음과 같다.

$$I_m = \frac{V_m}{\sqrt{R^2 + (X_L - X_C)^2}}, \qquad I = \frac{V}{\sqrt{R^2 + (X_L - X_C)^2}} \tag{18.3}$$

여기서 임피던스 Z는

$$Z = \sqrt{R^2 + X^2} = \sqrt{R^2 + (X_L - X_C)^2} \tag{18.4}$$

이므로 식 (18.3)의 실효값 전류 I와 전압 V는 다음의 관계가 성립한다.

$$I = \frac{V}{Z}, \quad V = ZI \tag{18.5}$$

또 식 (18.1)의 임피던스 각 θ의 부호는 식 (18.2)의 합성 리액턴스의 유도성 리액턴스 X_L과 용량성 리액턴스 X_C의 크기에 좌우된다. 이를 구분해 보면

(1) $X_L > X_C \quad \left(\omega L > \frac{1}{\omega C}\right)$

전압과 전류의 위상차 $\theta(= |\theta_1 - \theta_2|)$는 정(+)이 되어 전체 회로는 전압의 위상이 전류보다 앞서는 유도성 회로를 나타낸다.

(2) $X_L < X_C \quad \left(\omega L < \frac{1}{\omega C}\right)$

전압과 전류의 위상차 θ는 부(−)가 되어 전체 회로는 전류의 위상이 전압보다 앞서는 용량성 회로를 나타낸다.

(3) $X_L = X_C \quad \left(\omega L = \frac{1}{\omega C}\right)$

X_L과 X_C는 상쇄되어 합성 리액턴스 $X = 0$이 되기 때문에 전압과 전류의 위상차가 없는 동상을 나타낸다. 이 때 회로의 임피던스는

$$Z = \sqrt{R^2 + X^2} = \sqrt{R^2 + (X_L - X_C)^2} = R \quad (18.6)$$

이 되어 회로는 순저항 회로와 등가가 된다.

이와 같이 합성 리액턴스가 0이 되어 전압과 전류가 동상이 되는 상태를 공진(resonance)이라 한다.

저항 R에 걸리는 전압 V_R과 유도성 리액턴스 X_L에 걸리는 전압 V_L, 용량성 리액턴스 X_C에 걸리는 전압 V_C일 때, 전원 전압 V와의 관계는 다음과 같다.

$$V_R = RI, \quad V_L = X_L I, \quad V_C = X_C I$$

$$\therefore \quad V = \sqrt{{V_R}^2 + (V_L - V_C)^2} \quad (18.7)$$

표 18.1은 각 $R-L-C$선형 소자로 구성된 회로에서 전압, 전류의 순시치 및 위상차 관계를 요약한 것이다.

표 18.1 직렬 교류 회로에서 전압, 전류의 순시값과 위상차 관계

선형 소자 직렬 회로	전압기준 $v = V_m \sin\omega t$ 전류 순시값	위상차 $\theta = \lvert \theta_1 - \theta_2 \rvert$	회로 특성	비 고
R	$i = \sqrt{2} I \sin\omega t$	$\theta = 0$	순저항 회로	동 상
L	$i = \sqrt{2} I \sin\left(\omega t - \frac{\pi}{2}\right)$	$\theta = \frac{\pi}{2}$	유도성 회로	지상전류
$R-L$	$i = \sqrt{2} I \sin(\omega t - \theta)$	$\theta = \tan^{-1}\frac{X_L}{R}$		
C	$i = \sqrt{2} I \sin\left(\omega t + \frac{\pi}{2}\right)$	$\theta = \frac{\pi}{2}$	용량성 회로	진상전류
$R-C$	$i = \sqrt{2} I \sin(\omega t + \theta)$	$\theta = \tan^{-1}\frac{X_C}{R}$		
$R-L-C$	$i = \sqrt{2} I \sin(\omega t - \theta)$	$\theta = \tan^{-1}\frac{\lvert X \rvert}{R}$	유도성 회로 $(X_L > X_C)$	지상전류
	$i = \sqrt{2} I \sin(\omega t + \theta)$	$\theta = \tan^{-1}\frac{\lvert X \rvert}{R}$	용량성 회로 $(X_L < X_C)$	진상전류
	$i = \sqrt{2} I \sin\omega t$	$\theta = 0$	공진 회로 $(X_L = X_C)$	동 상

예제

$R = 10\ [\Omega]$, $L = 20\ [\mathrm{mH}]$, $C = 100\ [\mu\mathrm{F}]$ 직렬 회로에 정현파 전압 $v = 100\sqrt{2}\sin 100\pi t\ [\mathrm{V}]$를 인가하였다.

(1) 임피던스와 위상을 구하라.

(2) 회로 전류를 순시값으로 표현하라.

풀이

(1) 회로의 리액턴스는

$$X_L = \omega L = 100\pi \times 20 \times 10^{-3} = 6.28\ [\Omega]$$

$$X_C = \frac{1}{\omega C} = \frac{1}{100\pi \times 100 \times 10^{-6}} = 31.8\ [\Omega]$$

$$\therefore \quad X = |X_L - X_C| = |6.28 - 31.8| = 25.5\ [\Omega]$$

이다. 여기서 $X_C > X_L$이므로 이 회로는 용량성으로 전류가 전압보다 위상이 앞서게 된다.

임피던스 Z와 위상차 θ는 다음과 같이 된다.

$$Z = \sqrt{R^2 + X^2} = \sqrt{10^2 + 25.5^2} = 27.4\ [\Omega]$$

$$\theta = \tan^{-1}\frac{|X|}{R} = \tan^{-1}\frac{25.5}{10} = 68.6°$$

(2) 회로 전류의 실효값은

$$I = \frac{V}{Z} = \frac{100}{27.4} = 3.65\ [\mathrm{A}]$$

가 된다.

따라서 이 회로는 용량성이 되기 때문에 전류의 순시값은 전류가 전압보다 위상이 θ 만큼 앞서게 되므로 전류의 순시값 i는 다음과 같이 표현된다.

$$\therefore \quad i = 3.65\sqrt{2}\sin(120\pi t + 68.6°)\ [\mathrm{A}]$$

3. 사용기기 및 재료

(1) 함수 발생기(신호 발생기) 또는 교류 전압 조정기 ········· 1대
(2) 교류 전압계(10/50[V]) ········· 1대
(3) 교류 전류계(30/50[mA]) 또는 디지털 멀티미터 ········· 1대
(4) 저항(50[Ω]) ········· 1개
(5) 인덕터(100[mH]) ········· 1개
(6) 콘덴서(0.47[μF]) ········· 1개
(7) 회로 시험기 ········· 1대
(8) 만능 기판 ········· 1개
(9) 리드선 ········· 다수

4. 실험 방법

($R-L-C$직렬 교류 회로)

(1) 그림 18.2와 같이 $R-L-C$직렬 교류 회로를 결선한다.
단, 저항 R은 50[Ω], 인덕턴스 L은 100[mH], 정전 용량 C는 0.47[μF]이다.

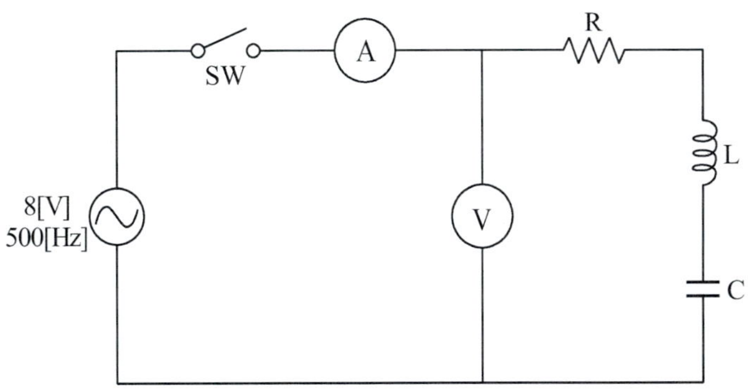

그림 18.2 $R-L-C$직렬 교류 회로 실험

(2) 전원은 함수 발생기(Function Generator)를 사용하여 정현파 교류 전압과 주파수를 8[V], 500[Hz]로 조정한다.

(3) 스위치 SW를 닫고 회로에 흐르는 전류를 측정하여 표 18.2에 기록한다.

(4) 회로 시험기 또는 교류 전압계를 이용하여 각 소자의 단자 전압 V_R, V_L, V_C를 측정하고, 또 측정 전압에서 위상차 θ를 구하여 표 18.2에 각각 기록한다.

(5) 실험 방법 (4)항에서 측정한 단자 전압 V_R, V_L, V_C로부터 전원 전압 V를 계산 $\left[V = \sqrt{V_R{}^2 + (V_L - V_C)^2}\right]$하여 인가한 전원 전압과 일치하는지 확인한다. 일치하지 않는다면 그 이유를 설명한다.

(6) 위의 측정 결과로부터 표 18.2의 이론값 난에 주어진 항목들을 계산하여 표 18.2에 기록한다.

(7) 표 18.2의 측정값과 계산값을 이용하여 전압과 전류의 순시값을 표 18.2에 기록한다.

(8) 주파수를 1000[Hz]로 바꾸어 실험 방법 (3)~(7)항을 반복하여 수행한다.

표 18.2 $R-L-C$ 직렬 교류 회로 실험

<table>
<tr><th rowspan="2">전압
[V]</th><th rowspan="2">f
[Hz]</th><th colspan="5">측정값</th><th colspan="6">이론값</th></tr>
<tr><th>I[mA]</th><th>V_R</th><th>V_L</th><th>V_C</th><th>θ</th><th>X_L</th><th>X_C</th><th>Z</th><th>V</th><th>I[mA]</th><th>θ</th></tr>
<tr><td rowspan="3">8[V]</td><td>500</td><td></td><td></td><td></td><td></td><td></td><td></td><td></td><td></td><td></td><td></td><td></td></tr>
<tr><td>1000</td><td></td><td></td><td></td><td></td><td></td><td></td><td></td><td></td><td></td><td></td><td></td></tr>
<tr><td colspan="12">500[Hz] $\begin{cases} v = \\ i = \end{cases}$
1000[Hz] $\begin{cases} v = \\ i = \end{cases}$</td></tr>
</table>

5. 고찰 및 평가

(1) $R-L-C$직렬 교류 회로에 $v=15\sin 100\pi t$ [V]의 정현파 교류 전압이 인가되었다. $R=15$ [Ω], $L=50$ [mH], $C=2$ [㎌]라 할 때, 회로 전류의 순시값과 소자 R, L, C에 걸리는 각각의 단자 전압을 구하라.

(2) $R-L-C$직렬 교류 회로의 실험 결과 표 18.2로부터 V, V_R, V_L-V_C, I의 벡터도를 그려라.

실험 19

공진 회로 특성

1. 목적

1) 직렬 공진 회로의 주파수 응답 특성을 고찰한다.
2) 공진 주파수와 주파수 응답에 대한 선택도 Q를 구하고 Q의 성질을 이해한다.

2. 이론

(1) 직렬 공진 특성

그림 19.1과 같이 $R-L-C$직렬 회로에서 합성 임피던스 Z와 이 회로에 흐르는 전류 I는 각각 다음과 같다.

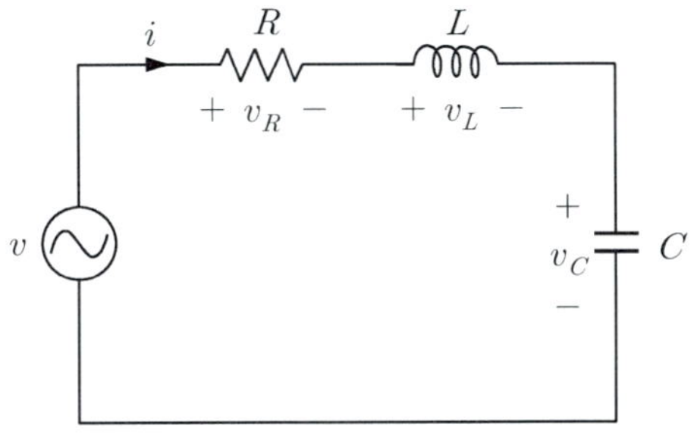

그림 19.1 $R-L-C$직렬 회로

$$Z = \sqrt{R^2+X^2} = \sqrt{R^2+(X_L-X_C)^2}$$

$$= \sqrt{R^2+\left(\omega L-\frac{1}{\omega C}\right)^2} \tag{19.1}$$

$$I = \frac{V}{\sqrt{R^2 + \left(\omega L - \frac{1}{\omega C}\right)^2}} \tag{19.2}$$

그림 19.2는 $R - L - C$직렬 회로에서 전원의 주파수를 변화시킬 때 리액턴스의 변화를 나타낸 것이다. 낮은 주파수에서는 용량성 리액턴스가 우세($X_L < X_C$)하고, 높은 주파수에서는 유도성 리액턴스의 값이 우세($X_L > X_C$)하며 그 중간에 X가 0이 되는 점이 존재한다.

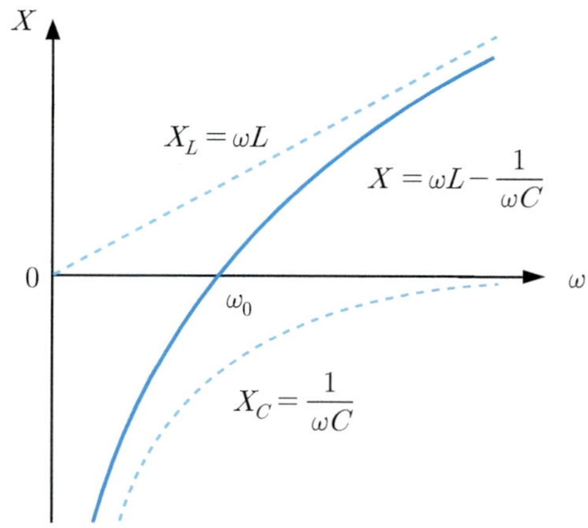

그림 19.2 **리액턴스와 주파수의 관계**

$X = 0$이 되면 임피던스는 저항 성분만의 회로가 되어 전압과 전류는 동상이면서 회로의 임피던스는 최소가 되어 전류는 최대가 되는 상태가 된다.

이와 같이 전압과 전류가 동상인 상태를 공진 상태에 있다고 하며, 이 때의 각 주파수를 공진 각주파수 ω_0, 주파수를 공진 주파수 f_0라 한다.

공진 각주파수 ω_0와 공진 주파수 f_0는 각각 다음과 같다.

$$\begin{cases} \omega_0 = \dfrac{1}{\sqrt{LC}} \\ \\ f_0 = \dfrac{1}{2\pi\sqrt{LC}} \end{cases} \tag{19.3}$$

(2) 직렬 공진의 선택도

전압을 일정하게 유지하면서 주파수를 변화시켰을 때 회로에 흐르는 전류는 그림 19.3과 같은 공진 곡선이 나타난다. 즉 $R-L-C$직렬 회로에서 크기는 같고 주파수가 다른 여러 가지 전원 전압을 인가하면 공진 주파수 f_0에서 전류는 최대가 되고 이를 공진 전류 I_0라 한다. 다른 주파수의 전류는 I_0에 비해 매우 작다.

따라서 주파수가 f_0인 전압만이 Q배로 확대되어 L과 C의 양단에 나타난다. 즉 주파수가 f_0인 전압만이 선택되어 확대된다.

선택성은 공진 주파수와 저항에 따라 첨예 정도가 달라진다. 이 선택성을 정량적으로 나타내기 위한 첨예도 또는 선택도(selectivity) Q는 그림 19.3의 공진 특성 곡선에서 공진 주파수 f_0에 대한 출력 I^2R의 반이 되는 주파수를 f_1, f_2라고 할 때 다음과 같이 정의한다.

$$Q=\frac{f_0}{f_2-f_1}=\frac{\omega_0 L}{R}=\frac{1}{R\omega_0 C}=\frac{1}{R}\sqrt{\frac{L}{C}} \tag{19.4}$$

즉, Q가 클수록 공진 곡선이 첨예하게 되어 주파수의 선택성이 좋아진다.

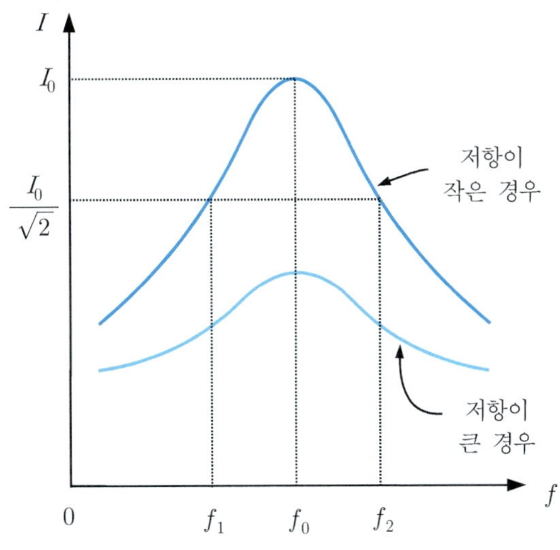

그림 19.3 공진 특성 곡선

3. 사용기기 및 재료

(1) 함수 발생기(신호 발생기) 1대
(2) 저항(100 [Ω], 200 [Ω]) .... 각 1개
(3) 인덕터(10 [mH]) 1개
(4) 콘덴서(0.1 [㎌]) 1개
(5) 회로 시험기 1대
(6) 만능 기판 1개
(7) 리드선 .... 다수

4. 실험 방법

(1) 그림 19.4와 같이 $R-L-C$ 직렬 회로를 결선한다. 단, 저항 R은 100 [Ω], 인덕턴스 L은 10 [mH], 정전 용량 C는 0.1 [㎌]이다.

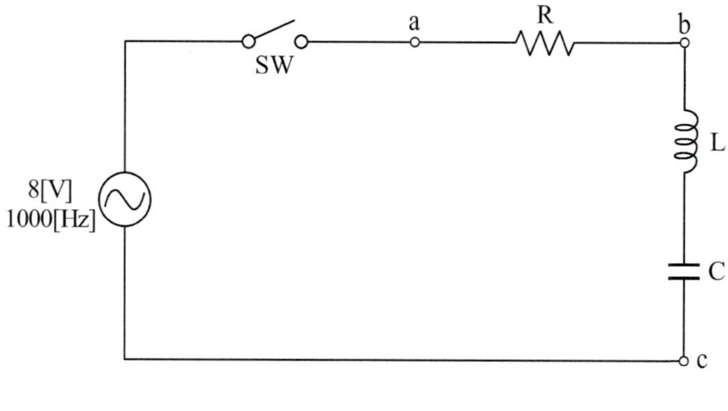

그림 19.4 $R-L-C$ 직렬 회로의 공진 특성 실험

(2) 전원은 함수 발생기(Function Generator)를 사용하여 정현파 교류 전압 8 [V]로 한다.

(3) 실험 회로에서 공진 주파수 f_0와 그 때의 회로에 흐르는 최대 전류 I_0를 계산하여 기록한다.

$$\begin{cases} f_0 = \dfrac{1}{2\pi\sqrt{LC}} = \\ \\ I_0 = \dfrac{V}{R} = \end{cases}$$

(4) 함수 발생기를 사용하여 정현파 교류 전압 8 [V]로 고정시키고, 주파수를 1 [kHz]로 조정한 후 스위치 SW를 닫는다.

(5) 회로 시험기를 이용하여 저항 양단 전압 V_{ab}를 측정하고 이 값으로부터 회로에 흐르는 전류 I도 계산하여 표 19.1에 기록한다.

(6) L, C 양단 전압 V_{bc}도 측정하여 표 19.1에 기록한다. (단, V_{bc}는 각각 L과 C의 양단에 걸리는 전압의 차가 된다.)

(7) 위에서 측정한 V_{bc}로부터 아래의 식을 이용하여 회로의 리액턴스 X를 구하고, 또 회로의 전체 임피던스 Z도 구하여 표 19.1에 기록한다.

$$\begin{cases} X = \dfrac{V_{bc}}{I} \\ \\ Z = \sqrt{R^2 + X^2} \end{cases}$$

(8) 함수 발생기로 전원의 정현파 교류 전압을 8 [V]로 고정시키고 표 19.1과 같이 주파수를 증가(2 ~ 10 [kHz])시키면서 실험 방법 (4)~(7)항을 반복하여 실험한다.

(9) 표 19.1의 측정 결과로부터 주파수 대 전류 특성 곡선인 공진 특성 곡선을 그림 19.5에 그린다.

그림 19.5 **공진 특성 곡선**

(10) 그림 19.5의 공진 특성 곡선에서 공진 주파수 f_0를 구하고, 식 (19.4)로부터 선택도 Q를 계산하여 표 19.1에 기록한다.

(11) 위의 실험과 동일한 조건에서 저항만을 200 [Ω]으로 바꾸고, 실험 방법 (3)~(10)항을 반복하여 실험한다. 측정값 및 계산값은 표 19.2에 기록하고, 공진 특성 곡선은 그림 19.5에 그린다.

(12) 저항 100 [Ω]과 200 [Ω]인 경우의 실험 결과인 그림 19.5의 공진 특성 곡선으로부터 선택도에 대하여 특이한 점을 비교하여 설명한다.

표 19.1 $R-L-C$직렬 회로의 공진 특성 실험($R=100$ [Ω])

전압 [V]	f [kHz]	V_{ab}	V_{bc}	I [mA]	X	Z	f_0	Q	실험 방법 (3)
8 [V]	1								$f_0 =$ $I_0 =$
	2								
	3								
	4								
	5								
	6								
	7								
	8								
	9								
	10								

표 19.2 $R-L-C$직렬 회로의 공진 특성 실험($R=200$ [Ω])

전압 [V]	f [kHz]	V_{ab}	V_{bc}	I [mA]	X	Z	f_0	Q	실험 방법 (3)
8 [V]	1								$f_0 =$ $I_0 =$
	2								
	3								
	4								
	5								
	6								
	7								
	8								
	9								
	10								

5. 고찰 및 평가

(1) $R-L-C$ 직렬 공진 회로에 200[V]의 정현파 교류 전압이 인가되었다. $R=1$[Ω], $L=100$[mH], $C=100$[㎌]일 때, 다음을 각각 구하라.

① 공진 주파수 f_0

② 공진시의 전류 I_0

③ 선택도 Q

실험 20 단상 전력계에 의한 전력 측정

1. 목적

1) 단상 전력계의 동작 원리와 사용법을 익힌다.
2) 교류 전력의 계산법과 유효 전력, 무효 전력, 역률 등의 관계를 실험을 통하여 이해한다.

2. 이론

전력계는 부하에 공급된 전력을 측정하는 계측기이고, 주로 사용하는 전류력계형과 유도형의 두 종류가 있다. 단상 전력계의 동작 원리와 접속법 및 전압, 전류, 전력, 역률의 관계를 알아본다.

(1) 단상 전력계의 동작 원리

단상 전력계는 고정되어 있는 전류 코일과 가동할 수 있는 전압 코일로 이루어져 있다. 전류 코일에 전류가 흐르면 전류에 비례하는 자기장이 발생하고, 고저항에 접속되어 있는 전압 코일에 전압이 인가되면 전압에 비례하는 또 다른 자기장이 형성된다. 이 두 자기장의

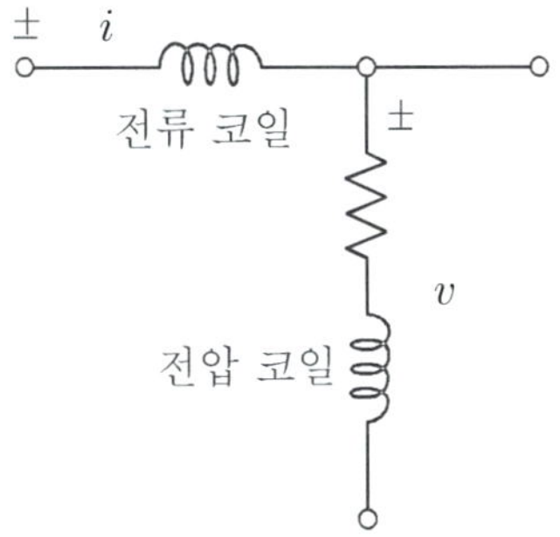

그림 20.1 단상 전력계 구조

상호 작용에 의해 전압 코일은 전력에 비례하는 회전력을 발생하게 되어 전력값을 지시하게 된다.

전압 코일에 직렬로 접속된 고저항은 전압 코일로 유입되는 전류를 작게 하기 위한 것이다.

(2) 단상 전력계의 접속법

단상 전력계의 접속 방법은 그림 20.2와 같이 전압 코일을 전류 코일에 대하여 전원 측에 접속하는 방법과 부하 측에 접속하는 두 가지 방법이 있다.

그림 20.2(a)는 고전압, 저전류 또는 대부하에, 그림 20.2(b)는 저전압, 대전류 또는 소부하에 적합하다.

또한 전류 코일은 부하에 직렬로 접속하고, 전압 코일은 부하에 병렬로 접속하여 전력을 측정한다.

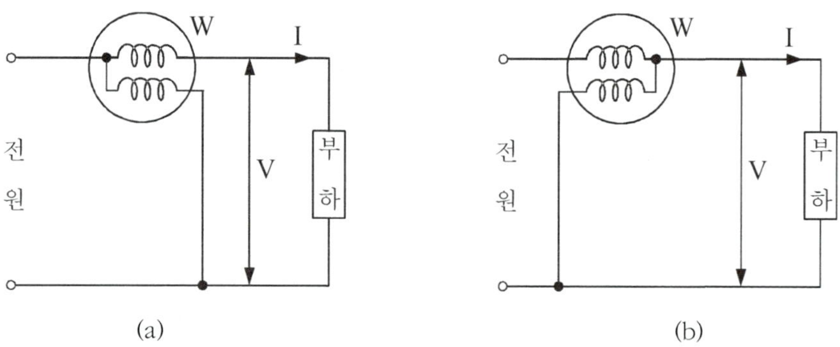

그림 20.2 **단상 전력계에 의한 전력 측정법**

3. 사용기기 및 재료

(1) 교류 전압 조정기 ···· 1대
(2) 교류 전압계(150/300[V]) ···· 1대
(3) 교류 전류계(1/5[A]) ···· 1대
(4) 단상 전력계(1/5[A], 120/240[V]) ···· 1대
(5) 저항(30[Ω] 300[W]) 또는 전등 부하(60[W]×3개) ···· 1개
(6) 저항(50[Ω] 300[W]) ···· 1개

(7) 인덕터(50 [mH] 5 [A]) ··· 1개
(8) 회로 시험기 ··· 1대
(9) 리드선 ··· 다수

4. 실험 방법

(저항 부하의 전력 측정)

(1) 그림 20.3과 같이 부하 저항 회로를 결선한다. 단, 저항 R_L은 30 [Ω] 300 [W]이다. (부하 저항은 전등으로 대신 이용하여 병렬로 증가(1개~3개)시키면서 부하 변동에 따른 실험으로 해도 무방하다.)

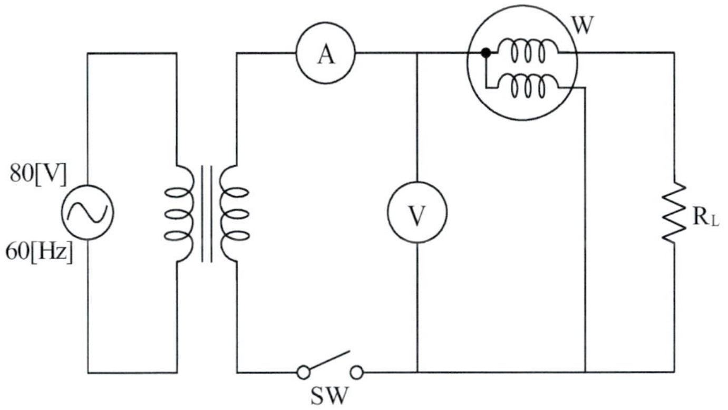

그림 20.3 단상 전력 측정 실험(1)

(2) 전원 전압은 교류 전압 조정기에 의해 80 [V]로 조정한다.

(3) 스위치 SW를 닫고 $R_L = 30$ [Ω]에서 회로에 흐르는 전류와 전압, 전력을 측정하여 표 20.1에 기록한다.

(4) 실험 결과에서 유효 전력, 피상 전력 및 역률을 계산하여 표 20.1에 기록한다.

$$\begin{cases} \text{유효 전력 : } P = I^2R \\ \text{피상 전력 : } P_a = VI \\ \text{역률 : } \cos\theta = \dfrac{P}{P_a} \end{cases}$$

(5) 부하 저항 $R_L = 50\,[\Omega]$으로 바꾸어 실험 방법 (3), (4)항을 반복하여 실험한다.

(6) 부하 저항 대신에 전등 부하로 바꾸어 1개, 2개, 3개씩 병렬로 증가시키면서 실험 방법 (2)~(4)항을 실험해도 무방하다.

표 20.1 단상 전력 측정 실험(1)

부하 내용		V[V]	I[A]	전력계 P[W]	유효 전력 P[W]	피상 전력 P_a[W]	역률 $\cos\theta$
$R_L[\Omega]$	전등						
30	1 개						
	2 개						
	3 개						
50							

(임피던스 부하의 전력 측정)

(7) 그림 20.4와 같이 $R-L$ 직렬 부하에 전력계, 전류계, 전압계를 접속하여 결선한다. 단, 저항 R_L은 30[Ω], 300[W], 인덕턴스 L은 50[mH], 5[A]이다.

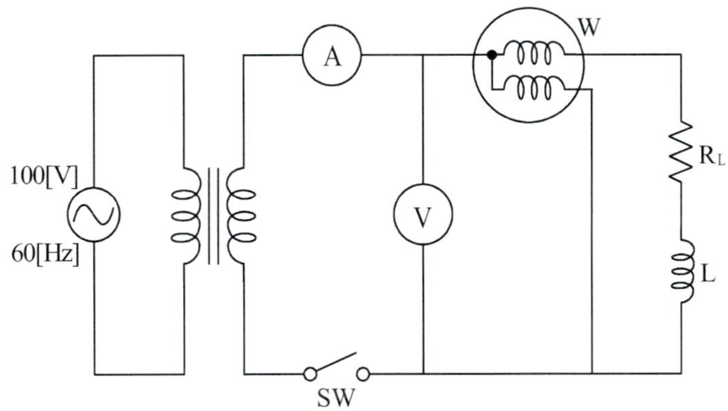

그림 20.4 **단상 전력 측정 실험(2)**

(8) 실험 회로의 교류 입력 전압과 주파수가 100[V], 60[Hz]이다. 저항-인덕터 30[Ω]-50[mH]와 50[Ω]-50[mH]의 두 조가 각각 직렬로 접속되어 있다고 할 때, 각각의 회로에 대하여 표 20.2에 나타낸 이론값들을 계산하여 기록한다.

(9) 전원 전압은 교류 전압 조정기에 의해 100[V]로 조정한다.

(10) 스위치 SW를 닫고 $R_L=30$[Ω], $L=50$[mH]에서 회로에 흐르는 전류와 전압, 전력을 측정하여 표 20.2에 기록한다.

(11) 실험 결과의 측정값으로부터 유효 전력, 피상 전력 및 역률을 계산하여 표 20.2에 기록한다.

$$\begin{cases} \text{유효 전력 : } P = I^2R \\ \text{피상 전력 : } P_a = VI \\ \text{역률 : } \cos\theta = \dfrac{P}{P_a} \end{cases}$$

(12) $R_L = 50\,[\Omega]$, $L = 50\,[\text{mH}]$으로 바꾸어 실험 방법 (10), (11)항을 반복하여 실험한다.

(13) 전력계에 의한 측정값과 간접적으로 구한 유효전력을 비교한다.

표 20.2 **단상 전력 측정 실험(2)**

$R_L[\Omega]$		L [mH]	Z [Ω]	V [V]	I [A]	전력계 P[W]	유효 전력 P[W]	피상 전력 P_a[W]	역률 $\cos\theta$
이론값	30	50							
	50	50							
측정값	30	50	╳						
	50	50	╳						

5. 고찰 및 평가

(1) 200[V], 500[W]의 전열기를 100[V]로 사용할 때 소비 전력을 구하라.

(2) 100[V], 5[A]가 흐르는 부하가 있다. 이 부하의 소비 전력이 350[W]일 때 역률을 구하라.

실험
21

3전압계법에 의한 단상 전력

1. 목적

1) 세 개의 전압계를 이용하여 단상 전력을 측정하는 방법에 관하여 익힌다.

2. 이론

세 개의 전압계와 저항값을 알고 있는 무유도 저항이 있으면 단상 전력을 측정할 수 있다. 그림 21.1과 같이 부하에 전류를 검출하기 위한 이미 알고 있는 저항 R을 직렬로 연결하여 공급 전압 V_o, 저항의 전압 강하 V_R, 부하의 단자 전압 V_L를 측정하면 소비 전력을 구할 수 있다.

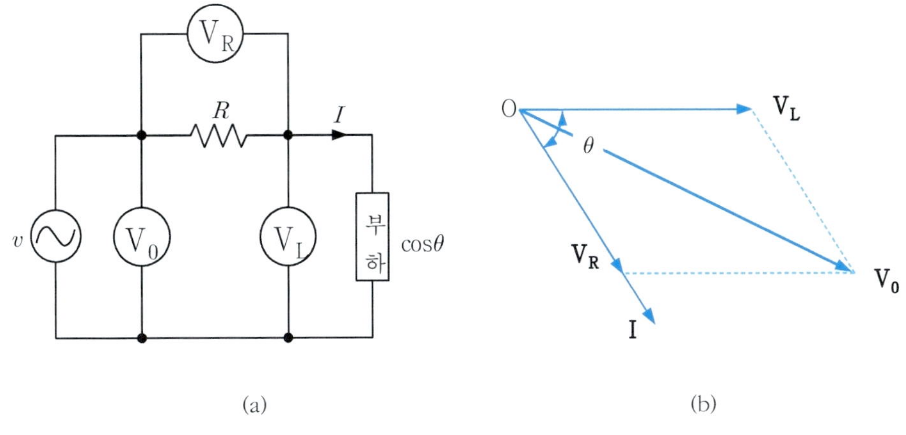

그림 21.1 3전압계법에 의한 전력 측정

부하에서 소비되는 전력 P는 $I = V_R/R$이므로 다음과 같이 된다.

$$P = V_L I\cos\theta = \frac{V_R V_L}{R}\cos\theta \tag{21.1}$$

또 그림 21.1(b)에서 공급 전압 V_o는

$$V_o^2 = V_R^2 + V_L^2 + 2V_R V_L \cos\theta \tag{21.2}$$

이고, 식 (21.2)에서 부하 역률은

$$\cos\theta = \frac{V_o^2 - V_R^2 - V_L^2}{2V_R V_L} \tag{21.3}$$

이 된다. 즉, 식 (21.1)에 역률을 대입하면 소비 전력은 다음과 같이 구하게 된다.

$$P = \frac{1}{2R}(V_o^2 - V_R^2 - V_L^2) \tag{21.4}$$

실제 3전압계법에 의한 전력 측정에서는 전압계 1개만을 가지고 세 가지 전압을 측정하여 사용하고, 기지 저항의 저항값은 부하 임피던스와 비슷한 값으로 선정한다.

또 이 방법에 의한 전력 측정은 오차가 심하기 때문에 계측기의 지시값을 정확히 읽도록 유의하여 측정해야 한다.

3. 사용기기 및 재료

(1) 교류 전압 조정기 ······ 1대
(2) 교류 전압계(150/300[V]) ······ 1대
(3) 단상 전력계(1/5[A], 120/240[V]) ······ 1대
(4) 저항(30[Ω], 50[Ω] 300[W]) ······ 각 1개
(5) 가변 권선 저항(100[Ω] 300[W]) ······ 1개
(6) 인덕터(50[mH] 5[A]) ······ 1개
(7) 회로 시험기 ······ 1대
(8) 리드선 ······ 다수

4. 실험 방법

(1) 그림 21.2와 같이 회로를 결선한다. 단, 부하는 저항 30 [Ω], 300 [W]와 인덕터 50 [mH], 5 [A]를 직렬로 접속한다.

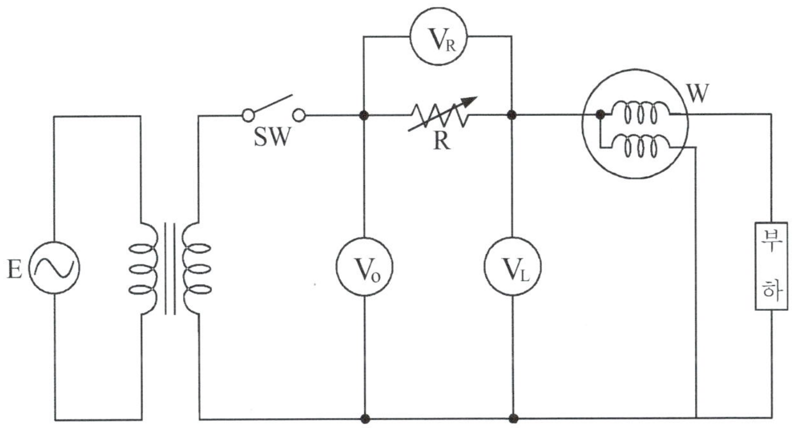

그림 21.2 **3전압계법에 의한 전력 측정 회로**

(2) $R-L$ 직렬 부하에 무유도 가변 권선 저항 $R=30$ [Ω]으로 맞추고 직렬로 접속하여 회로를 구성한다.

(3) 스위치 SW를 닫고, 교류 전압 조정기로 V_o를 40 [V]에 맞추어 조정한다. 이 때 각 전압계의 V_L, V_R 및 전력계 P를 측정하여 표 21.1에 기록한다.

(4) 다음의 식을 이용하여 회로에 흐르는 전류 I와 전력 P를 계산하여 표 21.1에 기록한다.

$$\begin{cases} I = \dfrac{{V_R}^2}{R} \\ P = \dfrac{1}{2R}({V_o}^2 - {V_R}^2 - {V_L}^2) \end{cases}$$

(5) 전력계로 측정한 전력값과 계산한 전력값을 비교하고, 그 값에 차이가 있다면 그 원인을 설명하라.

(6) 무유도 저항 R을 그대로 두고 V_o를 60[V], 80[V]로 조정하여 실험 방법 (3)~(5)항을 반복하여 실험한다.

(7) $R-L$ 직렬 부하는 그대로 두고 무유도 가변 권선 저항 $R=50\,[\Omega]$으로 바꾸어 실험 방법 (3)~(6)항을 반복하여 실험한다.

표 21.1 3전압계법에 의한 전력 측정 실험

무유도저항 $R[\Omega]$	전압계[V]			전력계 P[W]	계산 전류 I[A]	계산 전력 P[W]	계산 역률 $\cos\theta$
	V_o	V_L	V_R				
30	40						
	60						
	80						
50	40						
	60						
	80						

5. 고찰 및 평가

(1) 3전류계법에 의한 전력 측정 방법에 대해 설명하라.

실험

22 적산 전력계의 특성 실험

1. 목적

1) 적산 전력계의 오차가 부하 전류와 입력 전압에 의해 어떻게 변화하는지를 실험을 통하여 고찰한다.
2) 적산 전력계의 계기 정수로부터 소비 전력을 구하는 방법에 대해 익힌다.

2. 이론

적산 전력계는 유도형 적산 전력계를 가장 많이 사용하고 있으며, 단상의 적산 전력계는 단상 전력계와 마찬가지로 전류 코일과 전압 코일을 가지고 있다. 그리고 적산 전력계의 결선은 전력계와 마찬가지로 전류 코일은 부하에 직렬로, 전압 코일은 부하에 병렬로 접속한다.

적산 전력계는 순간의 전력에 따라 원판에 회전력이 가해져 회전하며, 어느 시간 내에 전체 회전수가 소비 전력량에 비례하는 양을 지시한다. 또 전기의 사용량을 측정하는 계측기이기 때문에 정확하고 신뢰할 수 있어야 한다. 이 계측기의 합격품은 3[%] 이내의 오차 범위인 것으로 정하고 있다.

오차를 측정하는 가장 일반적인 방법은 초시계법이며, 이것은 1[kWh]에 대한 원판의 회전수를 나타내는 방법이다.

오차가 없는 이상적인 적산 전력계를 가정하여 P[W]의 부하에 대해 계기 원판이 N회전하는데 필요한 시간 T[sec]는

$$T = \frac{3600 \times 1000 \times N}{PK} \text{ [s]} \tag{22.1}$$

가 된다. 여기서 K[rev/kWh]는 적산 전력계의 계기 정수라 하고, 계기의 명판에 기록되어 있다.

그런데 적산 전력계는 오차 때문에 일정한 전력 즉, 전력계의 지시값 P[W]를 공급하여도 원판이 N회전하는 데 소요되는 시간은 T가 아니고 다르게 나타난다. 따라서 원판이 N회전하는 데 소요되는 실제의 시간을 t[sec]라 하면 오차 ϵ은 다음과 같이 구한다.

$$\pm\epsilon = \frac{T-t}{t}\times 100\ [\%] \tag{22.2}$$

오차는 부하 전류, 전압, 역률, 주파수 등의 변화에 따라 발생하며, 여기서는 부하 특성과 전압 특성에 대해 알아본다.

① 부하 특성 : 경부하에서는 마찰의 영향, 중부하에서는 전류 코일에 의한 자속의 증가로 원판에 제어 작용이 일어나게 된다. 따라서 원판의 속도가 감소하여 부(−)의 오차가 발생한다. 특히 중부하에서는 전류 코일에 발생한 열로 전압 코일이 가열되어 저항이 증대하므로 속도가 감소한다.

② 전압 특성 : 전압을 규정 전압 이상으로 높이면 전압 코일에 의한 자속이 증가하여 점차로 원판의 속도가 증가하고, 전압이 강하하면 반대 현상이 일어난다.

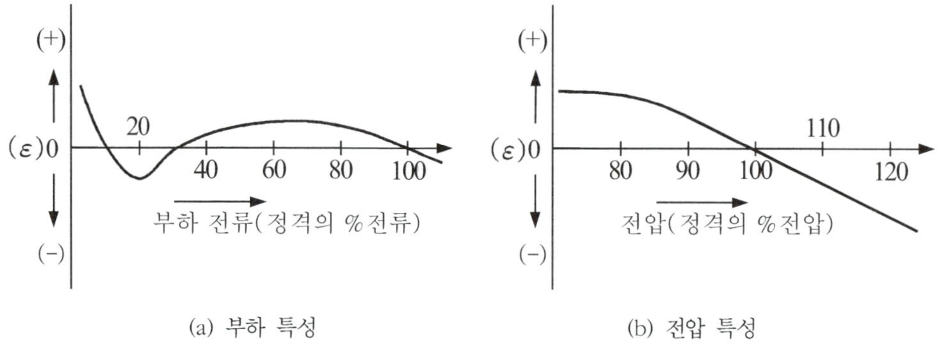

그림 22.1 **오차에 미치는 영향**

오차를 측정할 때 유의할 점은 원판의 회전수를 너무 작게 하거나, 측정 시간을 너무 짧게 하면 오차가 커지게 되므로 회전수는 50~100회, 측정 시간은 50~100초 정도로 한다.

3. 사용기기 및 재료

(1) 교류 전압 조정기 ………………………………………………………………………………… 1대
(2) 교류 전압계(150/300[V]) …………………………………………………………………… 1대
(3) 교류 전류계(1/5/10[A]) ……………………………………………………………………… 1대
(4) 단상 적산 전력계(110[V], 30(10)[A]) …………………………………………………… 1대
(5) 단상 전력계(1/5[A], 120/240[V]) ……………………………………………………… 1대
(6) 전등 부하(110[V], 60[W]) ………………………………………………………………… 6개
(7) 리드선 ……………………………………………………………………………………………… 다수

4. 실험 방법

(부하 특성 실험)

(1) 그림 22.2와 같이 회로를 결선한다. 부하는 오차 계산 방법을 습득하기 위하여 간이적으로 전등 6 등을 병렬로 접속하여 사용한다.

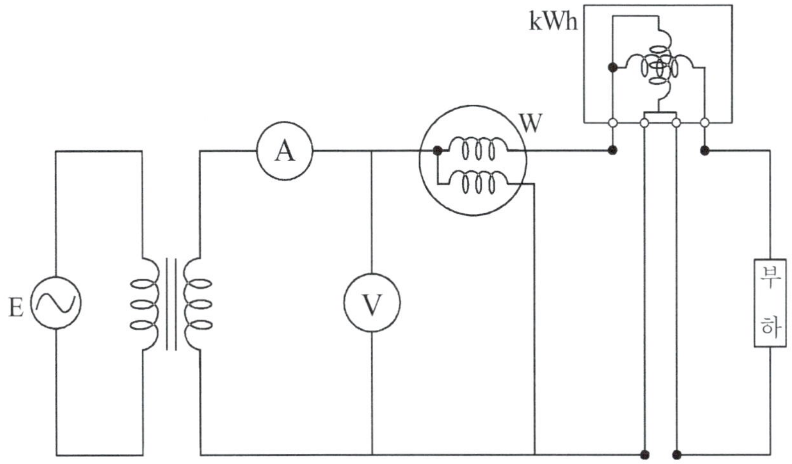

그림 22.2 적산 전력계의 특성 실험

(2) 적산 전력계의 결선은 전류 코일은 부하에 직렬로, 전압 코일은 부하에 병렬로 접속한다.

(3) 적산 전력계의 명판에 적혀 있는 정격을 조사하여 표 22.1에 기록한다.

표 22.1 단상 적산 전력계의 정격

전압[V]	전류[A]	주파수[Hz]	계기정수 K[rev/kWh]	비 고

(4) 교류 전압 조정기에 의해 적산 전력계의 정격 전압, 정격 주파수로 전원을 공급한다.

(5) 부하는 전등 6 등을 각각 개폐가 될 수 있도록 병렬로 접속하여 사용한다. 여기서 전등 1 등만을 점등시켜 단상 전력계가 적당한 전력 P[W]를 지시하도록 하여 그 때의 전력값을 표 22.2에 기록한다.

(6) 적산 전력계 원판의 회전수 N을 50~100회전 사이에 임의로 선정하여 선정한 회전수가 회전하는 데 요하는 시간 t[sec]를 측정한다. 또 이 때의 전압계 및 전류계의 지시값을 읽어 표 22.2에 기록한다. 또한 전등 부하에 대한 전류는 정격 전류의 몇 [%]에 해당하는지도 기록한다.

(7) 전등 부하의 점등하는 등수를 증가시키면서 부하 전류가 20 ~ 100 [%] 사이가 되도록 하면서 실험 방법 (5), (6)항을 반복하여 실험한다.

(8) 실험 결과로부터 계기 원판이 임의로 선정한 회전수 N회전하는 데 요하는 시간 T와 계기 오차 ϵ을 식 (22.1)과 식 (22.2)에 의해 각각 구하고 표 22.2에 기록한다.

표 22.2 적산 전력계의 부하 특성 실험

전압 V[V]	전등 부하	전류 I[A]	원판 회전수 N[회]	시간 [s]		전력 P[W]	오차 ϵ [%]
				t	T		
110	1						
	2						
	3						
	4						
	5						
	6						

(전압 특성 실험)

(9) 실험 방법 (1)~(4)항과 같이 실험을 한다. 부하는 오차 계산 방법을 습득하기 위하여 간이적으로 전등 부하를 사용한다.

(10) 부하는 전등 부하 6 등 모두를 점등시켜 부하를 일정하게 유지시키고, 전압을 정격의 80 ~ 100 [%]가 되도록 80 [V], 90 [V], 100 [V], 110 [V]로 가변시키면서 그 결과를 표 22.3에 기록한다.

(11) 적산 전력계 원판의 회전수 N을 50~100회전 사이에 임의로 선정하여 선정한 회전수가 회전하는 데 요하는 시간 t[sec]를 측정한다.

표 22.3 적산 전력계의 전압 특성 실험

전압 V[V]	전등 부하	전류 I[A]	원판 회전수 N[회]	시간 [s]		전력 P[W]	오차 ϵ [%]
				t	T		
80	6 등						
90							
100							
110							

(12) 실험 결과로부터 계기 원판이 임의로 선정한 회전수 N회전하는 데 소요되는 시간 T와 계기 오차 ϵ을 식 (22.1)과 식 (22.2)에 의해 각각 구하고 표 22.3에 기록한다.

(13) 표 22.2와 표 22.3의 실험 결과로부터 오차 특성 곡선을 그림 22.3에 그린다.

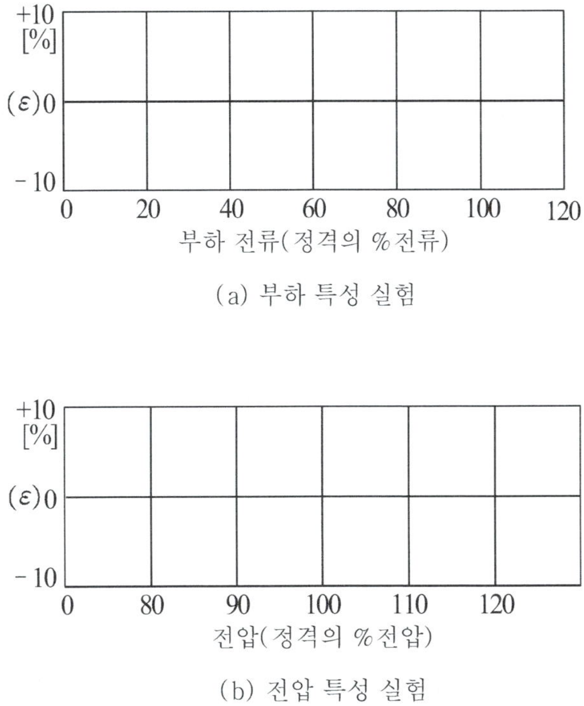

그림 22.3 **적산 전력계의 오차 특성 곡선**

5. 고찰 및 평가

(1) 계기 정수는 1200[rev/kWh], 승률 1의 전력량계의 원판이 40초에 20회전하였다. 이 때의 평균 부하 전력[kW]을 구하라.

(2) 100[V], 10[A]의 단상 교류 적산 전력계를 정격 전압, 정격 전류 및 역률 0.5에서 시험하였더니 원판의 회전수 20회에 대하여 57초 걸렸다. 이 계기의 오차를 구하라. 단, 계기 정수는 2400[rev/kWh]이다.

(3) 100[V], 20[A]용 단상 적산 전력계에 어떤 부하를 가할 때 원판의 회전수 20회에 대하여 40.3초 걸렸다. 만일 이 계기의 20[A]에 있어서 오차가 +2[%]라 하면 부하 전력은 몇 [kW]인가. 단, 계기 정수는 1000[rev/kWh]이다.

실험

23

형광 방전등의 특성 실험

1. 목적

1) 형광 방전등의 구조와 동작 원리를 이해한다.
2) 형광 방전등의 특성을 실험을 통하여 확인하고 고찰한다.

2. 이론

(1) 형광 방전등의 구조와 발광 원리

형광 방전등은 저압 수은등의 일종으로 투명한 유리관 내면에 엷은 형광 물질을 도포하고, 양쪽 끝에 열음극의 필라멘트 전극를 장착시킨 구조로 되어 있다. 관의 내부에는 소량의 수은을 넣어서 점등 중에 0.01[mmHg]의 수은 증기압이 되도록 하고, 방전 개시를 용이하게 하기 위하여 아르곤을 봉입한다.

열음극에 의해 방출된 열전자는 관의 내부에 전류를 흐르게 하여 증기 상태의 수은 원자와 충돌하면서 파장이 253.7[nm]인 자외선을 방사시킨다. 또 이 자외선은 유리관 내부에 도포한 형광 물질과 충돌, 여기시켜 눈에 보이도록 가시광선으로 변환하는 조명 기구이다.

(2) 형광 방전등의 동작 원리

형광등은 절연체인 기체 속을 전자가 이동하는 방전 현상을 이용한 것으로 전극 간의 전압과 전류의 관계는 부특성이므로 정전압 회로로 점등하려면 안정기로써 저항기 또는 인덕터를 직렬로 삽입하여 안정 상태를 유지해야 한다.

형광 방전등의 동작 원리에 대해 점등관을 이용한 점등 방법을 설명하기로 한다.

점등관은 고정 전극과 바이메탈로 된 가동 전극으로 구성되어 있고, 관 내부에 아르곤 또는 네온 가스가 봉입되어 있다. 점등관은 글로우 램프(glow lamp) 또는 스타터(starter)라고도 한다.

그림 23.1에서 형광 방전관을 점등하기 위하여 전원 전압 100 [V]가 가해지면 점등관의 고정 전극과 바이메탈의 가동 전극 사이에 글로우 방전이 일어나고, 글로우 방전에 의해 가열된 바이메탈은 팽창하여 1~2초간 두 전극이 접촉하게 된다. 이 때 회로에는 기동 전류가 흘러 형광 방전관 내의 필라멘트를 예열한다.

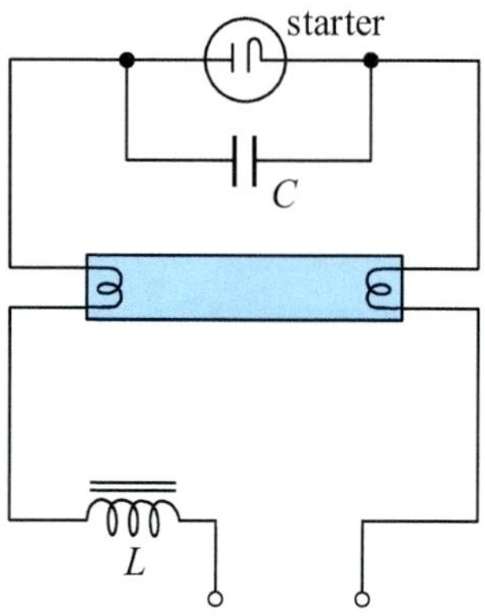

그림 23.1 형광등의 동작 회로

또 점등관이 접촉하면 점등관 내부에서의 글로우 방전은 멈추고 바이메탈은 다시 냉각되면서 접촉에서 분리하게 된다. 이 접촉이 분리되는 순간 안정기 양단에 $-L\dfrac{di}{dt}$의 높은 킥 전압(kick voltage)이 발생하여 형광 방전등의 주전극 사이에 방전이 개시되고 형광등은 점등 상태로 된다.

형광 방전관이 점등한 후 관전류는 안정기에서 제한된 전류에 의해 형광등의 방전을 지속적으로 유지시키고, 이 때 방전관의 단자 전압은 60 ~ 70 [V] 정도로 내려간다.

따라서 점등관에 인가되는 전압은 방전개시전압보다 낮기 때문에 형광 방전관에만 전압이 인가되고, 점등관은 다시 동작하지 않게 된다.

백열전구의 역률은 필라멘트의 저항만이 관계하므로 거의 100 [%]이지만, 형광 방전관은 직렬로 안정기가 접속되어 있기 때문에 약 50 ~ 60 [%] 정도이다. 방전관 자체는 저항 부하에 가깝고 그 역률은 약 90 [%] 정도이지만 회로에 삽입되어 있는 안정기로 인하여 저역률로 되는 것이다. 따라서 역률을 개선하기 위하여 역률 개선용 콘덴서를 전원과 병렬로 접속한다.

형광등의 역률 85 [%]의 고역률로 개선하기 위하여 정전 용량 3.5 ~ 5.5 [μF] 정도의 콘덴서를 병렬로 접속해야 한다.

3. 사용기기 및 재료

(1) 교류 전압 조정기 1대
(2) 교류 전압계(150/300 [V]) 3대
(3) 교류 전류계(1/3 [A]) 1대
(4) 단상 전력계(1/5 [A], 120/240 [V]) 1대
(5) 형광등(FL-10 [W]) 1개
(6) 안정기(10 [W]용) 1개
(7) 점등관 1개
(8) 콘덴서(4.5 [μF]) .... 1개 리드선
(9) 리드선 .... 다수

4. 실험 방법

(1) 그림 23.2와 같이 회로를 결선한다.

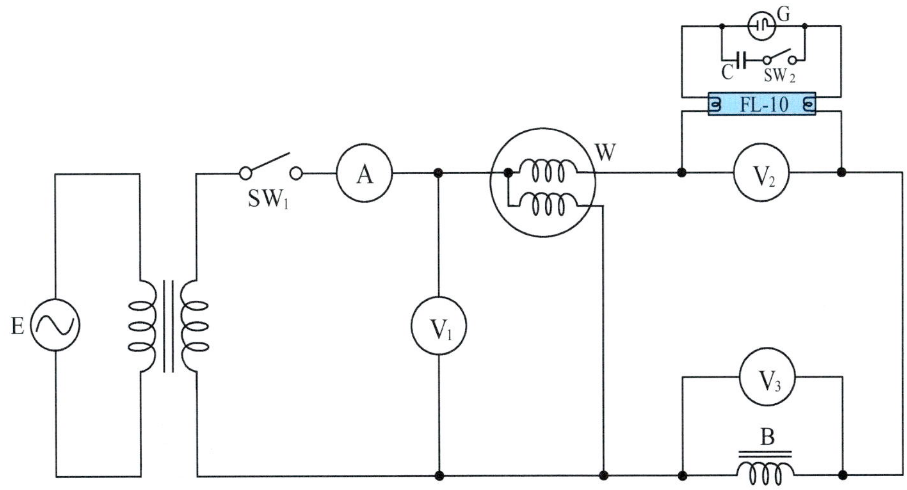

그림 23.2 **형광 방전등의 특성 실험**

(2) 교류 전압 조정기를 0으로 하고 스위치 SW_1만을 닫는다.

(3) 교류 전압 조정기를 조정하여 형광등의 방전 개시 직전의 전압, 전류를 측정하고 표 23.1에 기록한다.

(4) 피상 전력 P_a와 역률 $\cos\theta$을 계산하여 표 23.1에 기록한다.

$$\begin{cases} \text{전력} : P_a = V_1 I \\ \text{역률} : \cos\theta = \dfrac{P}{V_1 I} \end{cases}$$

(5) 방전 개시 직후에 실험 방법 (2)~(4)항을 반복하여 실험한다.

(6) 방전 상태에서 교류 전압 조정기로 전압을 더 증가시켜 정격 전압으로 조정한 후 실험 방법 (2)~(4)항을 반복하여 실험한다. 단, 정격 전류의 측정은 10초의 시간이 경과한 후에 측정한다.

(7) 스위치 SW_1을 열고, 전원을 내린다.

(8) 스위치 SW_1과 SW_2를 모두 닫고, 실험 방법 (3)~(6)항을 반복하여 실험한다. 실험 결과는 표 23.2에 기록한다.

(9) 역률 개선용 콘덴서를 부착하기 전과 후의 실험결과인 표 23.1과 표 23.2에서 역률이 어떻게 변화하였는지 기술한다.

표 23.1 형광 방전등의 특성 실험(콘덴서 미부착)

전원전압 V_1[V]	안정전압 V_2[V]	램프전압 V_3[V]	램프전류 I[A]	전 전력 P[W]	피상전력 P_a[W]	역률 $\cos\theta$	비 고
							방전 개시 직전
							방전 개시 직후
							정격 전압

표 23.2 형광 방전등의 특성 실험(콘덴서 부착)

전원전압 V_1[V]	안정전압 V_2[V]	램프전압 V_3[V]	램프전류 I[A]	전 전력 P[W]	피상전력 P_a[W]	역률 $\cos\theta$	비 고
							방전 개시 직전
							방전 개시 직후
							정격 전압

5. 고찰 및 평가

(1) 실험 결과로부터 형광등이 점등되는 순간(방전 개시 직후)의 전압을 기록하고, 백열전구와 다른 점에 대하여 설명하라.

(2) 형광등에서 방전 현상에 대하여 기술하라.

(3) 형광등에 콘덴서를 사용하는 이유와 접속 방법을 설명하라.

(4) 실험 결과에서 형광등의 인가전압과 역률의 관계를 설명하라.

찾아보기

저자와의
협의에 의해
인지 생략

전기기초실험

2판 3쇄 2026년 2월 25일

저 자 임헌찬/박구범/황진호
발행인 송광헌
발행처 **복두(더)**
주 소 서울특별시 영등포구 경인로82길 3-4
센터플러스 807호 (우) 07371
전 화 02-2164-2580
FAX 02-2164-2584
등 록 1993. 11. 22. 제 10-902 호

정가 : 16,000원

ISBN : 979-11-6675-454-9 93560

한국과학기술출판협회 회원사